Musterbrecher X

Ein Prospekt für mutige Führung

Stefan Kaduk
Dirk Osmetz
Hans A. Wüthrich

MURMANN
MURMANN PUBLISHERS

Klimaneutral
Druckprodukt
ClimatePartner.com/12752-1803-1001

Zum Ausgleich für die entstandene CO_2-Emission bei der Produktion dieses Buches unterstützen wir die Erhaltung und Wiederaufforstung des Kibale Nationalparks in Uganda. Das Projekt trägt zum Klimaschutz bei, indem die Bäume bei der Fotosynthese Kohlenstoff aus der Luft binden, es schützt die Biodiversität des tropischen Waldes und sichert 260 Arbeitsplätze.

Bibliografische Information der Deutschen Nationalbibliothek
Die Deutsche Nationalbibliothek verzeichnet diese Publikation in der Deutschen Nationalbibliografie; detaillierte bibliografische Daten sind im Internet über http://dnb.d-nb.de abrufbar.

3. Auflage 2020
Copyright © 2017 Murmann Publishers GmbH, Hamburg

Druck und Bindung: CPI books GmbH, Leck
Printed in Germany

ISBN 978-3-86774-589-5

Besuchen Sie unseren Webshop: www.murmann-verlag.de
Ihre Meinung zu diesem Buch interessiert uns!
Zuschriften bitte an info@murmann-publishers.de
Den Newsletter des Murmann Verlages können Sie anfordern unter
newsletter@murmann-publishers.de

EXPERIMENT VOR PLAN

Musterbrecher 1

Kennen Sie jemanden, der seinen Partner fürs Leben durch eine Nutzwertanalyse aussucht, Meilensteine der Beziehung festlegt, ein Leitbild an den Kühlschrank heftet, ein Projektziel mit schlagkräftigem Titel à la »LifelongWithLove@Home« definiert und einmal im Jahr ein strukturiertes Beurteilungsgespräch mit dem Partner durchführt?

__Experimente machen uns Menschen aus; denn letztlich ist unser ganzes Leben durch nie endende Episoden des Ausprobierens geprägt. Als Kinder versuchen wir, andere zu imitieren. So erschließen wir uns die Welt – zuerst im sicheren Umfeld der Eltern und später immer mutiger. Und auch als Erwachsene experimentieren wir ständig. Selbst wenn Online-Partnervermittlungen uns durch Matching-Algorithmen die optimale Partnerwahl versprechen, bleibt jede Beziehung ein Versuch mit der nicht ganz unwahrscheinlichen Möglichkeit des Irrtums. Das experimentelle Vorgehen scheint also allzu menschlich. Natürlich überlegen wir uns oft etwas dabei, wenn wir einen Versuch starten. Manchmal passiert es aber auch einfach, und wir ergreifen eine Chance. Das Ende bleibt dabei stets offen und ungewiss.

__In den Naturwissenschaften hat sich das Experiment als mächtigster Katalysator des Fortschritts und der Wissensproduktion erwiesen. Als mutige Wissenschaftler wie beispielsweise Galileo Galilei mit ihren experimentellen und beobachtenden Ansätzen begannen, stellten sie damit die Autorität der Heiligen Schrift und somit der göttlichen Vorhersehung in Frage. Gleichzeitig leiteten sie damit einen explosionsartigen Anstieg des Wissens ein. Ohne den Mut,

Fragen zu stellen, die bisher keiner zu stellen gewagt hatte, wären viele Innovationen bis heute schlicht unvorstellbar gewesen. Nicht mehr der fatalistische Umgang mit scheinbar gesichertem Wissen, sondern die Evidenz durch das Experiment trieb von diesem Zeitpunkt an die Entwicklung weiter. Das induktiv-experimentelle Vorgehen als neuer Forschungsstandard setzte sich durch. François Jacob, Nobelpreisträger für Medizin, bezeichnete das Experiment als einen »Brutkasten der Hoffnung« oder als »Maschinerie zur Herstellung von Zukunft«.

__Obwohl man die Erfolge der Wissenschaft würdigt und schätzt, dominiert in Unternehmen die Planungslogik, und das Management nutzt das Experiment als Mittel zur Wissensproduktion wenig bis gar nicht. Das ergebnisoffene Ausprobieren alternativer Formen zur Organisationsentwicklung ist weder Bestandteil der Managementausbildung noch der Managementpraxis. Dies erstaunt umso mehr, als wir im betrieblichen Alltag die Grenzen analytischer Planung und des Strebens nach Sicherheit deutlich erleben.

// DIE DOMINIERENDE HALTUNG

Es darf nichts angefangen werden, bevor wir das Ende nicht kennen.

__Wir extrapolieren Trends, berechnen die Eintrittswahrscheinlichkeit von sensitiven Szenarien und prognostizieren permanent künftige Entwicklungen – gerade so, als ob wir die Ungewissheit der Zukunft ausschalten könnten, indem

wir sie einfach ignorieren. Solche Muster, die sich einmal als sinnvoll erwiesen haben, prägen auch weiterhin unser Verhalten. Per definitionem schließt das Selbstverständnis von Management das Experimentieren aus. Management versteht sich als Planungsinstanz, als Erfüllungsgehilfe von Kontinuität, Produktivität, Wertschöpfung und Stabilität und weiß beziehungsweise sollte wissen, was zu tun ist. Unangenehme Überraschungen sind zu vermeiden. Im Managementkontext ist das Experimentieren negativ belegt. Als Manager zu experimentieren bedeutet, unprofessionell zu handeln, unkalkulierbare Risiken einzugehen und Wissenslücken zuzugeben.

// EINSICHT VORHANDEN – HANDLUNG FEHLT

Intellektuell sehen viele ein, dass sie experimentierfreudiger werden müssen. Nicht umsonst findet man in Unternehmen Aufrufe, die lauten: »Probiert mutig Neues aus!« Der Übergang vom Erkennen zum Handeln fällt indes schwer.

__Musterbrecher wissen, dass sie die Organisation als »Labor« verstehen müssen. Jaime Lerner, der ehemalige Bürgermeister der Zwei-Millionen-Metropole Curitiba, einer der innovativsten Städte der Welt im Süden Brasiliens, antwortete auf die Frage, was er uns zum Abschluss des Interviews noch mit auf den Weg geben könne: »Plant nicht zu lange! Wer lange und ausgiebig plant, findet gute Gründe, etwas nicht zu tun. Innovation heißt aber anfangen!«

__Das bedeutet: Je ungewisser die Welt, desto mehr erweist sich die nur auf einer analytischen Vernunft basierende Planungslogik als nicht mehr zielführend. Die ideale Vorstellung, langfristig gültige Strategien, und daraus abgeleitet, stabile Strukturen und Prozesse zu definieren, stellt eine Fiktion dar. Der Reflex, der Unsicherheit mit sicherheitsgebenden Initiativen zu begegnen und zu hoffen, der Organisation dadurch die vermisste Stabilität zu geben, ist verständlich. Wir alle benötigen Stabilitäten; denn permanente Instabilität macht uns krank und überfordert uns. Wenn Führung die Beständigkeit nicht mehr durch Planung sicherstellen kann, sind Alternativen gefordert. Das Experiment ist die sichere Einführung der Unsicherheit in die Organisation und somit das wirksamste Mittel im Umgang mit dem Unplanbaren. Die experimentelle Führung bildet ein Gegengewicht zur stabilen, auf Reproduzierbarkeit und Effizienz ausgerichteten Routine der Organisation.

// SICHERHEIT DURCH ERGEBNISOFFENES EXPERIMENTIEREN

Wenn es gelingt, in der Organisation eine Haltung des Experimentierens zu verankern, dann entsteht eine Sicherheit, besser mit der Unplanbarkeit zurechtzukommen.

__Der Übergang von der Planungs- zur Experimentierlogik bedingt einschneidende Haltungsänderungen. Doch Haltungsänderung gelingt nicht durch einfache Appelle wie: »Jetzt experimentiert doch mal!« Wenn eine Führungskraft

von einem Musterbrecher-Workshop zurückkommt und sagt: »Ich habe es erkannt, ab jetzt müssen wir alle mehr experimentieren! Ich lebe euch das jetzt vor!«, werden die Mitarbeitenden allenfalls so tun, als würden sie experimentieren. Erst durch neue Erfahrungen, die unter die Haut gehen, kann sich Haltung und in der Folge auch Handlung verändern. Musterbrecher appellieren nicht, sie sind bereit, neue Erfahrungen zu machen.

__Ein erster Schritt könnte die Erkenntnis sein, dass die eigene Erfahrungswelt den Möglichkeitsraum begrenzt. Was wir kennen, limitiert unsere eigene Vorstellungskraft. Musterbrecher gehen offen mit dem eigenen Nichtwissen um und sind bereit, mit Experimenten die Wissenslücken zu schließen. Sie akzeptieren, dass es die idealtypischen Lösungen nicht gibt, und sie verstehen, dass intelligente Organisationsentwicklung immer wieder neue Prototypen benötigt. Sie sind neugierig und haben den Mut zu scheitern. Dabei nutzen sie die Organisation konsequent als »Resonanzkörper«, stehen im Dialog mit Kollegen, Mitarbeitenden und Kunden, stellen in Frage, testen erneut, verwerfen, setzen anders an ...

// SCHEITERN (FAST) UNMÖGLICH

Experimente können im Grunde nicht scheitern, weil jedes Experiment zu einer Erkenntnis führt, auch wenn sich die Hypothese nicht bestätigen lässt.

__In den letzten Jahren konnten wir viele (Führungs-)Experimente in Wirtschaft und Verwaltung begleiten und deren Mehrwert für die Organisationsentwicklung erleben. Ausgangspunkt beim Design der Experimente bilden Hypothesen und Vermutungen, die den antrainierten und sozialisierten Glaubenssätzen widersprechen. Eine solche Hypothese könnte beispielsweise lauten: Auch wenn wir auf Zeiterfassung verzichten, werden die Mitarbeitenden ihre Leistung erbringen, ohne sich dabei zu überfordern. Oder Mitarbeiter benötigen keine Führungskraft, um ihre tägliche Arbeit zu organisieren. Oder mit abnehmendem Arbeitsdruck steigen die Qualität der Arbeit und die persönliche Zufriedenheit.

__Aus den Begleitungen erkennen wir die Kraft von Experimenten. Organisationen werden durch sie gewissermaßen gezwungen, ihr »wahres Gesicht« offenzulegen. Es werden andere als die üblichen Annahmen getroffen, anschließend wird das Verhalten der Menschen beobachtet. Experimente helfen dabei, Potenziale und verborgene Energien zu mobilisieren. Sie entlarven bisherige Blockaden und limitierende (Denk-)Muster. Sie unterstützen Neuerungen und verbessern deren Akzeptanz bei den Betroffenen. Experimente widerlegen Theoriestandards und geben neue Antworten. Sie schaffen Wissen, das unmittelbar im organisationalen Kontext mehrwertstiftend ist, und vereinen Wissensproduktion und Gestaltung in einem integrativen Prozess.

// DAS EXPERIMENT

Es unterscheidet den Querdenker vom Musterbrecher, denn der Musterbrecher belässt es nicht beim Denken, sondern handelt. Das Experiment ist zwar ergebnisoffen, aber kein russisches Roulette. Es erzeugt Perspektivenvielfalt und irritiert.

__In Unternehmen finden wir unterschiedlichste Labore. Doch diese sind darauf ausgerichtet, dass neue chemische Verfahren, effektivere medizinische Wirkstoffe, leistungsfähigere Triebwerke oder besser zu bearbeitende Materialien erforscht werden. Was fehlt, sind Labore, in denen neue Formen der Organisation oder ein anderes Managementverständnis erforscht werden.

// ERNÜCHTERNDER BLICK IN DIE UNTERNEHMENSWELT

Uns ist keine Organisation bekannt, in der es ein Experimentierlabor für Führung gibt!

__Führung ist gefordert, Undenkbares zu denken, um dadurch Denkbares zu erkennen. James March, Urgestein der Organisationsforschung, rief bereits vor vielen Jahrzehnten zu mehr Torheit in Organisationen auf, um so zu einem Stück mehr Vernunft zu kommen. Diesbezüglich sind Experimente unverzichtbar. Aus unserer Sicht besteht

der zukünftig anspruchsvollste Musterbruch darin, die Organisation konsequent als »Labor« zu verstehen und den Mut zu haben, durch eine experimentelle Führung den jeweils besten eigenen Weg zu finden.

__Die Default-Einstellung der Musterbrecher lautet: Mut zum Experiment! In den folgenden Kapiteln werden Sie immer wieder Felder finden, in denen Musterbrecher sich getraut haben, Neues auszuprobieren. Das Motto lautet: *Neugier statt Blaupause!*

MUSTERBRECHER FRAGEN SICH:

- Was weiß ich alles noch nicht – und wo führt mein Wissen zu den falschen Antworten?

- Gebe ich einer neuen Erfahrung eine Chance?

- Vertraue ich nur der Planung, oder bin ich viel häufiger bereit, ergebnisoffen und mit verschiedenen Hypothesen zu experimentieren?

- Bin ich mir bewusst, dass Experimente im Grunde gar nicht scheitern können?

- Bin ich bereit, etablierte Managementpraxis zu hinterfragen?

AUF DEN PUNKT:

Die Organisation als Labor verstehen – Musterbrecher geben sich die Lizenz zum Experimentieren.

URTEILSKRAFT VOR INSTANZ

Musterbrecher 2

Ein renommiertes Bankinstitut führte, zum Glück nur für kurze Zeit, einen 44-seitigen Dresscode für Privatkundenberater ein. Dieser gab eine bis ins Letzte detaillierte Kleiderordnung vor: Frauen waren sieben Schmuckstücke plus Ehering erlaubt; Männern drei, die Sonnenbrille zählte mit. Der monatliche Gang zum Friseur war allgemein verpflichtend. Für Beraterinnen galt zudem: Parfüm ist morgens aufzulegen, »direkt nach der heißen Dusche«; blickdichte Strümpfe sind tabu, geschminkter Teint ist Pflicht. Für Berater sind schwarze Socken ohne Muster sowie schwarze Schnürschuhe mit Ledersohle obligatorisch.

__Mitarbeiter gründen Familien, kaufen Autos, bauen Häuser, betreiben im Nebenerwerb Firmen und sind Präsidenten oder Schatzmeister von Vereinen mit 2000 Mitgliedern und mehr. Innerhalb des Unternehmens hält man sie allerdings für nicht mündig genug, um über Ausgaben von mehr als 200 Euro entscheiden zu können – außer in bestimmten höheren Positionen. Die Folgen sind gravierend: Potenzialverschwendung, suboptimale Lösungen und Verlust an Engagement und Leidenschaft. Der Widerspruch zwischen der gelebten Urteilskraft im Privaten und dem beruflichen Zutrauen ist eklatant.

__In Gesellschaft und Wirtschaft überlassen wir das Urteil und die Entscheidungsbefugnis über wichtige Dinge denjenigen Personen und Sachverständigen, die in einem bestimmten Fachbereich über entsprechende Expertise

verfügen. Compliance Officers stellen die Regelkonformität sicher, und Qualitätsbeauftragte garantieren die Güte der Leistungserbringung. Es reicht nicht mehr, einen Gesellen- oder gar Meisterbrief zu haben, es werden Spezialausbildungen benötigt, um Qualität oder Gesetzestreue gewährleisten zu können. In der Gestalt von Experten schaffen wir Instanzen, die bestimmen, was richtig und was falsch ist.

// NICHT FALSCH VERSTEHEN

Es ist ohne Frage sinnvoll, dass ein Experte kommt, wenn die Heizung zu reparieren ist. Und mit Sicherheit sollte die Ärztin im Krankenhaus wissen, was sie tut, wenn sie das gebrochene Bein operiert, genauso wie wir keinem Laien den Austausch unserer abgefahrenen Bremsscheiben überlassen würden.

__Ausbildung, Fachwissen, Erfahrung und Können sind die besten Voraussetzungen dafür, dass ein guter Job erledigt wird. Wir sollten jedoch immer wieder eine zentrale Frage stellen: Bei welcher Art von Herausforderung helfen uns eingesetzte Instanzen weiter?

__Die Antwort ist relativ einfach: Solange unsere Probleme nur kompliziert sind, hilft ein Fachexperte mit entsprechenden Befugnissen weiter. In diesem Fall sollten wir unterstellen, dass Experten in ihrem jeweiligen Fachgebiet die Bedeutungszusammenhänge kennen, weniger Fehler machen und ihre Kompetenzen richtig einschätzen können.

__Sobald wir es mit Volatilität, Ungewissheit, Komplexität und Ambiguität (kurz: VUCA) zu tun haben, gelten andere Voraussetzungen. Denn was zeichnet Experten aus? Sie haben ihr Wissen in der Vergangenheit erworben.

// GRANDIOSE IRRTÜMER

»Der Mensch wird es in den nächsten 50 Jahren nicht schaffen, sich mit einem Metallflugzeug in die Luft zu erheben.« *Wilbur Wright, Pionier der Luftfahrt, 1901*

»Ich denke, dass es einen Weltmarkt für vielleicht fünf Computer gibt.« *Thomas Watson, CEO von IBM, 1943*

»640K sollten genug für jeden sein.« *Bill Gates, 1981*

»Es tut mir leid für den Rest der Welt, aber wir werden in den nächsten Jahren nicht zu besiegen sein.« *Franz Beckenbauer, 1990*

__Oft mutet es schon fast beängstigend an, mit welcher Naivität und Passivität wir auf die Instanz vertrauen, wenn es sich um gänzlich neue Problemstellungen handelt. Und mit etwas Distanz erkennen wir, dass die Mehrzahl der an sie adressierten Fragen nicht zu beantworten ist. Ob Sascha Lobo – eine der Instanzen der Digitalisierung und einmal als »Klassensprecher des Netz 2.0« bezeichnet – wirklich die Konturen der digitalen Zukunft kennt, bleibt abzuwarten.

__Gute Experten erkennen Sie daran, dass diese sehr vorsichtig argumentieren, wenn sie nach Lösungen gefragt werden, und sich eben gerade nicht zur bevormundenden

Instanz aufschwingen. Schnelle Antworten kann es nur bei einfachen und komplizierten Problemen geben.

__Immer wieder erleben wir das Versagen der – nicht selten von der Öffentlichkeit dazu gemachten – ausgewiesenen Experten, wenn es um Vorhersagen geht. Philip Tetlock von der Universität von Pennsylvania bat in einer Studie 284 Kommentatoren und Berater für politische und ökonomische Trends, die Wahrscheinlichkeiten des Eintritts bestimmter Ereignisse in Regionen der Welt zu beurteilen. Insgesamt untersuchte er über 80 000 Vorhersagen. Das Ergebnis war niederschmetternd. Die Experten erzielten schlechtere Ergebnisse als Dartpfeile werfende Affen.

// BESCHEIDENHEIT GEFRAGT

Kurzum: Seien Sie vorsichtig mit allen Ratschlägen, die Sie von uns hier erhalten. Auch wir verstehen uns als Experten (sind aber zum Glück noch keine Instanz), deren Erfahrungen auf Ausbildung und Forschung beruhen, die in der Vergangenheit funktioniert haben. Ob diese zehn Kapitel auch für die Zukunft irgendeine Relevanz haben, muss sich erst noch erweisen.

__Es besteht die Gefahr, dass Führung und Management zu einer Instanz der Entmündigung werden. Auch wenn das kein Manager laut sagen würde, Aussagen wie »Meine Mannschaft braucht klare Ansagen, sonst bewegen sie sich nicht!« oder »Wir müssen die Mitarbeiter vor sich selbst schützen!« sprechen eine eindeutige Sprache. Hierarchie

entscheidet, gestaltet und gibt vor. Budgets, Standards, Richtlinien und in Einzelfällen Tagesziele oder eine Überwachungssoftware, die die Tastenanschläge zählt, stehen für diese Bevormundung. Die Urteilskraft der Mitarbeiter bleibt ungenutzt.

__Unzählige Beispiele und persönliche Erfahrungen belegen, dass wir die Urteilskraft von Nichtexperten fahrlässig unterschätzen. So entstehen im Straßenverkehr bessere Lösungen, wenn man auf die Urteilskraft der Verkehrsteilnehmer setzt. Irritiert durch den »Schilderwust« und überzeugt von der Tatsache, dass Verkehrsteilnehmer umso verantwortungsloser handeln, je mehr Regulierungen existieren, hat der niederländische Verkehrsplaner Hans Monderman genau das Gegenteil von dem getan, was wir im Straßenverkehr immer wieder erleben. Im Rahmen der Initiative »shared space« wurden Schilder und Ampeln an Hauptverkehrsstraßen entfernt. Aus Bürgersteig und Fahrbahn wurde eine durchgängige Fläche. Die Effekte waren überraschend: Die Geschwindigkeit, mit der sich Fahrzeuge durch die Straße bewegten, reduzierte sich zwar, aber durch den besseren Verkehrsfluss sank die Zeit für die Wegstrecke auf die Hälfte. Entscheidend aber war: Die Anzahl der Verkehrsunfälle ging auf nahezu null zurück. Interessanterweise war hier ein Experte umsichtig genug, das Expertentum aus einem System fernzuhalten, das sich durch menschliche Urteilskraft effektiv von selbst reguliert.

// VORSICHT VOR ZOMBIES

Je häufiger Menschen bevormundet werden, also jede
Verantwortungsübernahme durch Warnhinweise und
Verhaltensaufforderungen ausgeschlossen wird, desto
eher verhalten sie sich auch wie Entmündigte. In der
Soziologie gibt es dafür den Begriff der »Zombifikation«.

__Wir hören manchmal, wenn es in Organisationen um
heikle Entscheidungen geht, von denen Mitarbeiter direkt
betroffen sind: »Wer einen Sumpf trockenlegen will, darf
nicht die Frösche fragen.« Oft werden zum angeblichen
Schutz der Mitarbeiter Informationen zurückgehalten. Wir
sind keineswegs dafür, alles gleich mit allen zu teilen. Aber
die selektive Weitergabe dient letztlich nicht dem Schutz der
Mitarbeiter, sondern ist Ausdruck der Unsicherheit der Führungskräfte. Musterbrecher stellen sich dieser Unsicherheit.

__So zum Beispiel bei der Neuorganisation eines Geschäfts-
bereichs mit etwa hundert Mitarbeitern. Das Management lud
die Belegschaft ein, auf freiwilliger Basis die Schwachstellen
der heutigen Struktur zu diskutieren und mögliche Lösungen
zu entwickeln. Fünfundsechzig Mitarbeitende hatten sich gemeldet und in acht Gruppen organisiert. Nach drei Monaten
wurden die Ergebnisse der Gesamtbelegschaft vorgestellt.
Die Befürchtung, dass infolge von Eigeninteressen und per-
sönlicher Betroffenheit lediglich Scheinlösungen entstehen
würden, erwies sich als unbegründet. Das erlebte Engagement und die Qualität der vorgeschlagenen Lösungen
überraschten alle. Aufgrund der Realitätsnähe waren die

Mitarbeiter in der Lage, sowohl bei der Schwachstellenfeststellung als auch bei der Lösungsentwicklung die – im Vergleich zur Bereichsleitung – viel relevantere Perspektive einzunehmen. Vor allem aber trug der Prozess dazu bei, dass im ganzen Geschäftsbereich ein wesentlich differenzierteres Problembewusstsein entstand.

__Mittlerweile gibt es viele Organisationen, die den Kompetenzrahmen ihrer Mitarbeiter und Teams massiv erhöht haben. In einem Produktionsunternehmen entscheidet jeder Mitarbeiter eigenständig über den Kauf von Arbeitshilfsmitteln. Eine zentrale Einkaufsabteilung existiert nicht. Einem Techniker wird zugetraut, die Entscheidung über den Kauf eines neuen 8000 Euro teuren Schweißgeräts selbst zu fällen. Um Einkaufssynergien zu nutzen, treffen sich Mitarbeiter mit ähnlichen Einkaufsbedarfen regelmäßig zum Gedankenaustausch. Auch für Personalentscheidungen gilt das Prinzip des Selbstmanagements. Wer die Notwendigkeit erkennt, schreibt eine Stelle aus. Weitere Beispiele eines konsequenten Vertrauens in die menschliche Urteilskraft sind: selbstorganisierte Bonusverteilung im Team oder ein integritätsorientiertes Compliance-Verständnis, das die Verantwortung für die Einhaltung der Regelkonformität den Mitarbeitern überlässt.

// GEWÜNSCHTE TEILHABE

Gemäß einer Studie von Isabell M. Welpe an der TU München von 2016 sind 80 Prozent der Mitarbeiter überzeugt, dass mit einer stärkeren Teilhabe an firmenrelevanten Entscheidungen die Produktivität ihres Unternehmens steigen würde.

__Ein oft gehörter Einwand seitens der Führungskräfte gegen das konsequente Vertrauen in die menschliche Urteilskraft lautet: Viele Mitarbeiter wollen sich gar nicht einbringen, sind vielmehr froh, wenn die Hierarchie oben entscheidet. Diese Menschen mag es tatsächlich geben. Die Ursache für diese Haltung liegt aber teilweise darin, dass sie in der Vergangenheit erlebten, dass ihr eigenes Handeln ohnehin keine Auswirkungen auf ihr Umfeld hatte. Insofern beklagt Führung ein Phänomen, für dessen Entstehung sie selbst verantwortlich ist.

// MENSCHENBILD: EINE BEWUSSTE ENTSCHEIDUNG

Der Autor und Führungsexperte Reinhard K. Sprenger bringt es auf den Punkt: Das Menschenbild ist keine Sache der Erfahrung, es ist eine bewusste Entscheidung, die es täglich zu treffen gilt. Wir schlagen Ihnen vor, entscheiden Sie sich für ein positives.

__Andreas Glemser, der Geschäftsführer der Cocomin AG, sagte uns: »Mittlerweile habe ich erkannt, dass mich zehn Prozent der Menschen bescheißen, ich weiß nur nicht, welche zehn Prozent.« Aus diesem Grund hat sich Glemser dazu entschlossen, seine Führung konsequent an der übergroßen Mehrheit der »weißen Schafe« auszurichten.

__Qualität entsteht immer dann, wenn man Menschen fragt, die wissen, wovon sie reden, und die auf ihre individuelle Urteilskraft vertrauen.

MUSTERBRECHER FRAGEN SICH:

• Welche Instanzen führen zu Entmündigung?

• Bin ich bereit, konsequent auf diejenigen zu hören, die wirklich etwas zu sagen haben?

• Welche eigene Unsicherheit führt dazu, dass ich nicht immer auf die Urteilskraft aller vertraue?

• Für welches Menschenbild entscheide ich mich?

AUF DEN PUNKT:

Auf die Urteilskraft vieler vertrauen – Musterbrecher verzichten auf Instanzen.

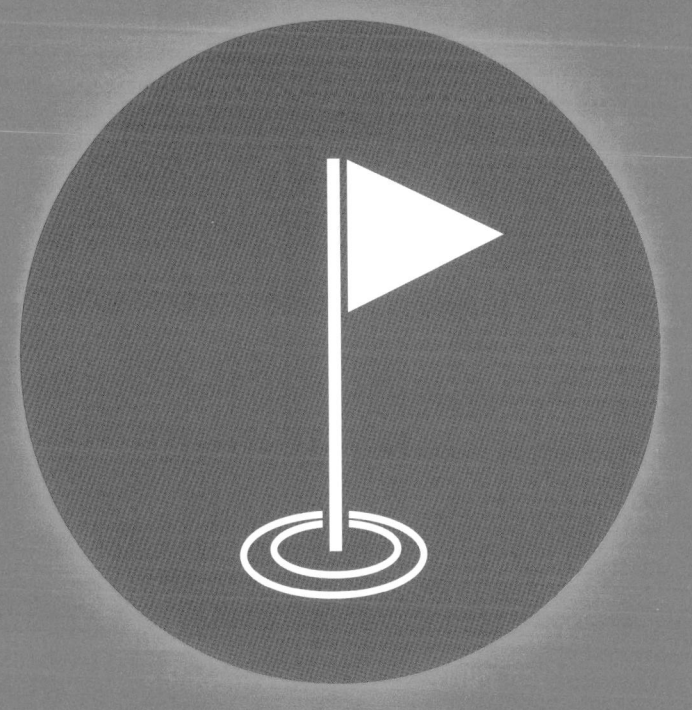

HARTER POL VOR REGELN

Musterbrecher 3

In einem großen deutschen Industrieunternehmen wird eine Initiative ins Leben gerufen. Der Slogan lautet: »Übernehmt Verantwortung – bringt euch ein – probiert Neues aus!« Die Konzernleitung verfolgt das Ziel, dass sich die Mitarbeiter stärker mit dem Unternehmen identifizieren und vermehrt Ideen einbringen, aus denen Innovationen entstehen können. Man wünscht sich mehr Eigenverantwortung. Gleichzeitig will die Konzernführung auch unternehmensintern unterstreichen, was man nach außen vermittelt: dass vom Unternehmen gesellschaftliche Verantwortung übernommen wird. Ein Mitglied des Vorstands übernimmt die Schirmherrschaft, eine Agentur wird beauftragt, einen emotionalen Drei-Minuten-Film zu drehen, Poster werden im gesamten Unternehmen plakatiert, Motivationsveranstaltungen durchgeführt, ein Videoblog wird eingerichtet, der erfolgreiche Beispiele aus der Belegschaft dokumentiert. Man macht zunächst alles richtig. Doch gleichzeitig wird auf jedes Treppengeländer ein Aufkleber mit der Aufschrift »Handlauf benutzen« geklebt.

__Wir merken nicht mehr, wie eigene Regelwerke dem gewünschten Ziel entgegenstehen können. In bester professioneller Absicht handeln wir nach Standards und Routinen. Das genannte, vermutlich noch harmlose Beispiel steht exemplarisch für die ständige Entmündigung von Menschen in Organisationen. Vielleicht verhindert der Aufkleber auch

Treppenstürze. Es wird in Firmen viel nachgedacht, was Mitarbeitern zugemutet werden kann. Jede Gefahr für die Gesundheit der Angestellten soll abgewendet werden. Und wenn trotzdem etwas passiert, gilt es, justiziabel nachzuweisen, dass man alles getan hat, um den Unfall zu vermeiden. Nicht selten mit dramatischen Folgen. Der Handlauf wird oft mit Absicht nicht genutzt, der Fahrradhelm demonstrativ abgesetzt, sobald man das Werktor passiert hat.

// BEVORMUNDUNG PROVOZIERT

Mitarbeiter, die sich entmündigt und bevormundet fühlen, tendieren dazu, dem System zu beweisen, dass man weiterhin autonom ist.

__Standards sind vor allem dann gefährlich, wenn sie die Zusammenarbeit von Menschen betreffen. Wenn sich Mitarbeiter für jeden Schritt rechtfertigen müssen, werden sie am Anfang noch versuchen, sich dagegen zu wehren, bis sie irgendwann erkennen, dass man Autonomie nur noch im privaten Umfeld ausleben kann. Im Unternehmen werden sie resignieren und nur noch Dienst nach Vorschrift machen.

__Gehen wir einen Schritt weiter. Regelketten, die zu Methoden verknüpft werden und schließlich in Prozesse münden, haben sich in der Vergangenheit bewährt. Ob Unternehmen damit in Zukunft erfolgreich sein werden, muss bezweifelt werden. Regelketten basieren auf der Annahme, dass die Zukunft planbar ist. Solange man es mit Risiken mit be-

kannter Eintrittswahrscheinlichkeit zu tun hat, hat Planung durchaus Sinn. Und damit waren Organisationen im letzten Jahrhundert erfolgreich.

__Ein Beispiel zur Verdeutlichung: In einem großen Topf befinden sich schwarze und rote Bälle. Wir kennen das Verhältnis, beispielsweise sind 70 Prozent der Bälle schwarz. Die Wahrscheinlichkeit, beim erstmaligen Hineingreifen einen schwarzen Ball zu ziehen, liegt somit bei 0,7. In diesem Fall spricht man von einem Risiko. Bei Unsicherheit hingegen wissen wir nur, dass rote und schwarze Bälle im Topf sind, nicht aber wie viele von welcher Farbe.

__Unter Risiko sind Regelwerke ein gutes Mittel zur Zielerreichung, bei Unsicherheit könnte es in nicht allzu engen Grenzen auch noch funktionieren. Anders wird es nur, wenn wir es mit Ungewissheit zu tun haben. Wenn es ungewiss ist, was sich überhaupt im Topf befindet, wird Planung sinnlos. Denn es könnte sein, dass andersfarbige Bälle oder gänzlich andere Gegenstände im Topf liegen. All das kennzeichnet die heutige Realität. Wenn wir also das Risiko des Treppensturzes minimieren wollen, hilft ein Aufkleber vielleicht. Wenn wir eine Haltung im Umgang mit der Ungewissheit zu erzielen hoffen, ist das Plakatieren von Warnhinweisen unsinnig.

// PLANUNG IST NICHTS FÜR UNGEWISSHEIT

Wenn wir die Risiken der Zukunft nicht kennen, nennen wir es Ungewissheit. Wenn aber die Zukunft ungewiss ist, was wollen wir dann planen?

__In der Phase erfolgreicher industrieller tayloristischer Massenproduktion hatte man es mit Märkten zu tun, die planbar waren. Henry Fords Zitat »Jeder kann seinen Wagen beliebig anstreichen lassen, solange er schwarz ist« steht für die immense Macht der Verkäufer auf den Märkten des 20. Jahrhunderts. Diese Verkäufermärkte waren gekennzeichnet von Angebotsdefiziten, steigender Nachfrage und geringer Konkurrenz. Es war egal, was der Kunde wollte, er musste nehmen, was angeboten wurde. Folgerichtig konnte man sich auf die Optimierung der eigenen Organisation konzentrieren. Unter stabilen Rahmenbedingungen ließ sich Ungewissheit nahezu ausschließen, und im Zweifel konnte man auf einen anderen Markt ausweichen.

// DIE ZEIT DER VERKÄUFERMÄRKTE IST VORBEI

Musterbrechern ist bewusst, dass es das Wesen der Überraschung ist, sich nicht auf sie vorbereiten zu können.

__Als alle Märkte erobert waren und nahezu alles überall verfügbar wurde, veränderte sich diese Logik. Auf einmal hatten sich Unternehmen mit unerwarteter Konkurrenz und gänzlich neuen Ideen auseinanderzusetzen – das Risikomanagement lief ins Leere. Gerade im Rahmen der Digitalisierung finden sich zahlreiche Beispiele. Die Automobilindustrie konnte nicht ahnen, dass ein visionärer Multimillionär, der durch den Verkauf eines Online-Bezahlsystems reich wurde, Elektrosportwagen auf den Markt bringt oder dass ein Suchmaschinenanbieter selbstfahrende Autos entwickeln würde.

Überraschend auch, dass ein Online-Buchhandel irgendwann zu einem der größten Kaufhäuser mit dem breitesten Angebot werden würde oder dass eine App Taxiunternehmen bedrohen könnte.

> // ACHTUNG, MAUSEFALLE!
>
> Es ist so, als greife man in einen Topf, erwarte sich rote und schwarze Kugeln und stellt erst beim Zuschnappen fest, dass neben Kugeln auch Mausefallen enthalten sind.

__Musterbrecher sind sich der Ungewissheit der Zukunft bewusst. Bei wirklich überraschenden Problemen suchen Musterbrecher nicht nach Lösungen in Prozessen, denn sie wissen, dass es ein riesiger Zufall wäre, wenn ein Prozess der Vergangenheit ein neues Problem der Zukunft lösen würde. Musterbrechern ist bewusst, dass Regelfolgen und Prozesse nur dann funktionieren, wenn die Rahmenbedingungen einigermaßen stabil sind. Offensichtlich wird eine Alternative benötigt, denn Unordnung und Unverbindlichkeit sind keine Lösungen.

> // EIN GUTER PROZESS STOPPT, WENN ETWAS ÜBERRASCHENDES PASSIERT, EIN SCHLECHTER MACHT EINFACH WEITER.

__Organisationen brauchen Fixpunkte, etwas Unverrückbares – zumindest für eine gewisse Zeit. In Anlehnung an

Johann Tikart, ehemaliger Geschäftsführer von Mettler-Toledo, nennen wir diese Fixpunkte »harte Pole«. Sie sind weit mehr als Zielvorgaben, denn sie haben gesetzesartigen Charakter. Ein harter Pol erzwingt Verbindlichkeit und gibt eindeutige Orientierung. Entscheidend ist es, dass es wenige, im Idealfall nur einen einzigen harten Pol gibt. Es kommt also auf das Zusammenwirken der Härte des Pols auf der einen Seite und eines maximalen Freiraums auf der anderen Seite an. Je klarer die harten Pole sind, desto mehr Freiheit wird möglich. Eine Sammlung von Regelwerken hat demnach keinen Platz.

__Wenn beispielsweise die absolut pünktliche Einhaltung eines zugesagten Liefertermins als harter Pol definiert wurde, ist dieser mit aller Energie einzuhalten. Dann ist es vollkommen gleichgültig, wie die Mitarbeiter ihre (Zusammen-)Arbeit organisieren. Es spielt keine Rolle, wer zu welcher Zeit welchen Arbeitsschritt erledigt. Es liegt einzig und allein im Ermessen des Einzelnen oder des Teams, wie man sich organisiert.

__In einem anderen Fall lassen die Geschäftsführer eines Beratungsunternehmens die eigenen Mitarbeiter ihr Gehalt selbst festlegen, definieren jedoch als harten Pol das konsultative und zwingend durchzuführende Gespräch mit zwei Kollegen. Danach bleibt es dem Mitarbeiter unbenommen, die Höhe des eigenen Gehalts zu bestimmen.

__Ein IT-Unternehmer ermöglicht es allen Mitarbeitern, vom Auszubildenden bis zum Vorstand, jeden Prozess und jede Regel im Unternehmen selbstverantwortlich zu ändern

oder sogar zu löschen, setzt dem aber als harten Pol entgegen, dass tatsächlich jeder Zugriff auf sämtliche Regeln über das unternehmenseigene Wiki hat.

> ## // HARTE POLE NICHT AN DEN BONUS KOPPELN
>
> Die Koppelung des harten Pols an ein Umsatz- oder EBIT-Ziel ist in der Regel ungeeignet. Die Erreichung oder Einhaltung harter Pole eignet sich ebenso wenig, einen Bonus zu begründen. Der harte Pol könnte aber lauten: Es wird nur die Teamleistung und nicht die des Individuums bewertet.

__Wie man an diesen ausgewählten Beispielen sieht, ist neben dem Setzen des harten Pols die Gewährung des Freiraums genauso entscheidend. Die Realisierung ist jedoch anspruchsvoll. Was, wenn die Mitarbeiter ihren harten Pol der Liefertreue zwar erfüllen, aber gegen das Arbeitszeitgesetz verstoßen? Jeder harte Pol verlangt nach einem Prozess des Aushandelns, der sich auf das Team oder den Einzelnen bezieht. Natürlich unterstellen Musterbrecher ihren Mitarbeitern, dass sie sich an Gesetze und allgemeine Regeln des fairen Wirtschaftens halten. Ein fast naiv anmutendes positives Menschenbild ist Voraussetzung. Und sollte hier ein Regelverstoß passieren, müssen die Gründe in einem Gespräch analysiert, vielleicht muss auch hart durchgegriffen werden.

__Durch diesen Potenzialunterschied zwischen der Unverrückbarkeit des harten Pols auf der einen und einem Maximum an Freiheit auf der anderen Seite entstehen Räume,

in denen endlich all jene Begriffe mit Leben gefüllt werden
können, die austauschbar in sämtlichen Leitbildern stehen:
Eigenverantwortung, Kundenorientierung, Selbstorganisation usw.

MUSTERBRECHER FRAGEN SICH:

• Wie reagiere ich im Berufsalltag auf Überraschungen?

• Mit welchen harten Polen arbeite ich in meinem Führungsalltag?

• Welche Bevormundungen schränken jenseits des harten Pols den Freiraum ein?

• Wie gestalte ich Prozesse, damit sie bei Überraschungen nicht weiterlaufen?

AUF DEN PUNKT:

Verzicht auf Regelketten – Musterbrecher definieren einen harten Pol und lassen maximale Freiheit zu!

WEGLASSEN VOR HINZUFÜGEN

Musterbrecher 4

Wir waren zu einer Konferenz eingeladen. Sie trug den Titel »Agil in die Zukunft«. Das Handout für die Teilnehmer musste zwingend bereits sechs Wochen vorher abgegeben werden, damit die Unterlagen noch rechtzeitig gedruckt werden konnten.

__Nachdem sie sich in der Softwareentwicklung bewährt hat, wird sie nun auch auf alle anderen Bereiche übertragen – die Agilität. Oder neudeutsch: Agility.

__Meist verbindet man mit dem Begriff das, was er von seinem lateinischen Ursprung her meint: leichte Beweglichkeit, Wendigkeit und Behändigkeit. Die Begründungen, warum Organisationen agiler werden sollen, sind schon seit mehr als 40 Jahren bekannt: »In Zeiten exponentieller Veränderungsgeschwindigkeiten und zunehmender Komplexität steht das Management vor immer größeren Herausforderungen ...« Damit lässt sich jede Ausschreibung einleiten, wenn einem nichts Besseres einfällt.

__Also wird mehr Agilität in Unternehmen benötigt. Diese Agilität muss als Haltung in die Köpfe der Menschen gebracht werden. Früher erzählte man uns, dass Change die einzige Konstante in unruhigen Zeiten ist. Heute ist es angeblich die Agilität. Aus diesem Grund schickt man Mitarbeiter auf Schulungen mit Titeln wie »Agiles Projektmanagement« oder »Agility und Change«. Es werden Task-Boards aufgehängt, auf denen vom »Backlog« über »in work« bis zu »done« jeder sehen kann, wo das jeweilige Team steht. Der »Scrum-Master« achtet auf die Einhaltung

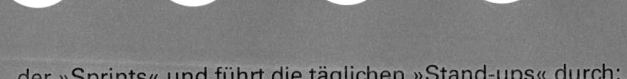

der »Sprints« und führt die täglichen »Stand-ups« durch;
eine durchaus sinnvolle Methode.

__Vor mehr als 15 Jahren trafen sich 17 IT-Experten auf
einer Lodge in Snowbird, einem Skigebiet im amerikani-
schen Bundesstaat Utah, und formulierten das Agile Manifest zur Softwareentwicklung.

// AGILES MANIFEST

- **Individuen und Interaktionen stehen über Prozessen und Werkzeugen.**
- **Funktionierende Software steht über umfassender Dokumentation.**
- **Zusammenarbeit mit dem Kunden steht über Vertragsverhandlung.**
- **Reagieren auf Veränderung steht über dem Befolgen eines Plans.**

__In diesem Manifest wird betont, was auch Musterbrecher
schon lange wissen: Es ist besser, etwas vermeintlich Pro-
fessionelles wegzulassen, also zum Beispiel das Befolgen
eines Plans, wenn dadurch die Möglichkeiten eingeschränkt
werden, auf Veränderung zu reagieren.

__Ein wünschenswerter Zustand wird häufig erst zum
Thema gemacht, nachdem er seine Selbstverständlichkeit
verloren hat. Da geht es der Agilität nicht anders als dem
Vertrauen und der Eigenverantwortung. Diese Punkte

werden erst dann auf die Agenda gesetzt, wenn sie im Organisationsalltag längst abhandengekommen sind.

__Wir leben in einer Zeit, in der jedes zu bearbeitende Thema umgehend in ein kreativ betiteltes Programm gepackt wird. Doch leider sollen auch jene Phänomene gemanagt werden, die nicht zu managen sind – und nur von selbst entstehen, wenn man ihnen den Raum dazu gibt. Viele Mitarbeiter in Organisationen reagieren zunehmend mit gefährlichem Zynismus auf sich überschlagende Wellen von Initiativen.

__Unsere Erfahrung im Kontakt mit Musterbrechern zeigt, dass neue Themen – und vor allem die weichen, die be-kanntlich die wirklich harten Nüsse sind – dann eine Chance auf Beachtung und Bearbeitung haben, wenn sie gerade nicht im offiziellen Programm laufen.

__Götz Werner, der Gründer von dm Drogeriemarkt, sagte uns in einem Gespräch während einer gemeinsamen Zug-fahrt, dass es überhaupt nicht so schwierig sei, etwas Neues zu lernen. Es sei viel schwieriger, das Alte zu »entlernen«. Im Nicht-mehr-Tun stecke der Schlüssel.

__Wenn Sie wollen, dass Ihre Mitarbeiter wendiger, behän-der, schneller und flexibler handeln, machen Sie sich auf die Suche, was genau die Erfüllung dieses Wunschs unmög-lich macht – und lassen Sie es dann weg. In den meisten Experimenten geht es nämlich genau darum: Dinge nicht mehr zu tun!

Was haben wir alles getan, dass Menschen in Organisationen nicht mehr agil sind? Und die noch viel entscheidendere Frage lautet: Was davon tun wir in Zukunft nicht mehr?

__Schaffen Sie zum Beispiel das Reporting der Außerdienstmitarbeiter inklusive Zeiterfassung ab. Verhandeln Sie keine Individualziele mehr, sondern definieren Sie nur noch ein Ziel für das gesamte Vertriebsteam bei voller Transparenz aller Zahlen. Schaffen Sie damit auch den Bonus ab, der sich am individuellen Umsatz orientiert. Dieses Weglassen könnte die Basis für Teamarbeit, Dialog und Aufbrechen von Silos bedeuten. Die Mitarbeiter werden es Ihnen danken, weil sie sich endlich wieder um das kümmern können, für was sie bezahlt werden. Durch Weglassen vermehrt sich die Zeit für andere Aufgaben.

__Lösen Sie Abteilungen auf und organisieren Sie Ihr Unternehmen nur noch nach den Prozessen, die auf den Kundennutzen ausgerichtet sind. Verzichten Sie gleichzeitig auf jedes Vier-Augen-Prinzip, wenn dies gesetzlich machbar ist. Machen Sie höchstens Stichproben. Durch Weglassen intensiviert sich fachübergreifende Zusammenarbeit.

__Lassen Sie aufwendige Assessment-Verfahren weg. Diese Verfahren sagen relativ wenig darüber aus, was jemand im späteren Arbeitsprozess zu leisten in der Lage ist. Das Einzige, was Sie mit Sicherheit damit überprüfen können, ist,

ob sich jemand in einem Assessment-Verfahren gut darstellen kann. Lassen Sie stattdessen die Mitarbeiter mit möglichst vielen zukünftigen Kollegen sprechen. Durch Weglassen erhöht sich die Qualität der Personalauswahl.

__Fühlen Sie sich als Führungskraft nicht genötigt, stets Antworten zu geben. Stellen Sie Ihren Mitarbeitern stattdessen kluge Gegenfragen. In der Regel kennen die Mitarbeiter die Antworten ohnehin viel besser als Sie. Durch Weglassen eigener Überlegungen ergeben sich bessere Antworten.

__Verzichten Sie nach Möglichkeit auf Organigramme. Gehen Sie besser davon aus, dass die Mitarbeiter nicht auf der Suche nach dem eigenen Schreibtisch durch das Unternehmen irren. Stellen Sie sich vor, was Sie dann alles nicht mehr bräuchten: beispielsweise Dienstwege, die unter anderem den Kommunikationsfluss steuern. Durch Weglassen wird mehr und anders miteinander gesprochen.

__Formulieren Sie keine oder zumindest keine detaillierten Stellenbeschreibungen. Stellenbeschreibungen sind wie ein Rahmen, in den die wenigsten Menschen genau hineinpassen. Denn sie haben Ecken und Kanten, die über die Begrenzungen hinausreichen. Der Rahmen zeigt im besten Fall auf, welche Defizite jemand hat. Potenziale werden ausgeblendet. Ohne einen solchen Rahmen könnten Menschen immer wieder andere Aufgaben übernehmen, die anstehen. Wenn es keine Stellenbeschreibungen gibt, muss in der viel beschworenen, immer komplexer werdenden Welt niemand im Voraus sagen können, welche Kompetenzen demnächst benötigt werden – und diese auch noch justiziabel formulie-

ren. Durch Weglassen finden sich Menschen und Aufgaben wesentlich leichter.

> ## // MUSTERBRECHER ENTSORGEN ...
>
> ... Reportings, Abteilungssilos, Assessment-Verfahren, Antworten, Organigramme, Regeln, Motivierungsversuche, Stellen- und Tätigkeitsbeschreibungen ...

__Vermeiden Sie den Anschein, dass Sie nicht an die intrinsische Motivation Ihrer Mitarbeiter glauben. Sobald Ihre Mitarbeiter den Eindruck haben, ihnen werde Höchstleistung nur aufgrund zusätzlicher extrinsischer Anreize zugetraut, erwarten sie auch entsprechende Impulse. Eines ist aber auch klar: Menschen können nur dann intrinsisch motiviert sein, wenn sie fair bezahlt werden.

__Schaffen Sie alle misstrauensbasierten, die Mitarbeiter entmündigenden Regeln, Vorschriften und Anordnungen ab. Drucken Sie vielleicht alle Regeln und Vorschriften aus, tapezieren Sie damit eine Halle. Diskutieren Sie gemeinsam mit möglichst allen Mitarbeitern, welche Regeln überflüssig sind. Reißen Sie diese Regeln demonstrativ von den Wänden und verbannen Sie sie nicht nur rhetorisch aus dem Unternehmen.

// MITARBEITER LASSEN SICH NICHTS VORMACHEN

Sie merken immer, wenn man ihnen unterstellt, freiwillig nicht alles zu geben. Und sie reagieren allergisch, wenn man etwas hinzufügt, was intrinsische Motivation verhindert.

__Organisationen sind zunächst einmal physische Gebilde mit Namen, Rechtsform, Zaun, Werksschutz, Lagerhallen, Verwaltungs- und Produktionsgebäude. In diesem physischen Gebilde passiert etwas ganz Entscheidendes: Menschen organisieren sich und erreichen so etwas gemeinsam, was sie alleine nicht schaffen können oder wollen. So hat man sich schon immer organisiert.

__Seit dem 19. Jahrhundert wollte und will man die Organisation zunehmend professionalisieren: durch einen strukturgebenden Rahmen, mit Regeln, Bürokratie, Hierarchien, Prozessen, Entscheidungen und Nichtentscheidungen. Dieser Rahmen soll es ermöglichen, dass Menschen ihr gemeinsames Tun noch besser organisieren. Doch dieser Zweck gerät zunehmend aus dem Blick. Organisationen werden zum Selbstzweck und mehr und mehr zu Gebilden, die sich nur noch mit sich selbst beschäftigen. Zusammenarbeit wird nicht verbessert, sondern systematisch erschwert.

Es wird Zeit, den Kern wieder zu entdecken und von all dem zu befreien, was Zusammenarbeit erschwert. Musterbrecher gestalten Organisation neu, indem sie viel weglassen und nur selten etwas hinzufügen.

__Wir sind beim Kern, den Joseph Schumpeter vor etwa hundert Jahren bereits erkannt hatte. Es ist die »kreative Zerstörung« des Bekannten notwendig, damit Neues entstehen kann.

MUSTERBRECHER FRAGEN SICH:

- Was habe ich im letzten Jahr »entlernt«?

- Wie verhindere ich möglicherweise, dass Mitarbeiter agil arbeiten können?

- Glaube ich, dass Agilität geschult werden kann?

- Was halte ich von dem Satz: »Ohne Stellenbeschreibungen machen alle, was sie wollen«?

- Beherrsche ich die Kunst, manche Dinge einfach …?

AUF DEN PUNKT:

Zurück zum Kern – Musterbrecher legen ihr Augenmerk auf das Nicht-mehr-Tun und lassen weg!

MACHEN VOR AUFREGEN

Musterbrecher 5

Erst letzte Woche waren wir wieder einmal Beobachter eines typischen Dialogs in der Kaffee-Ecke. Es zeigte sich eindrucksvoll: Lästern und Jammern können produktive Kräfte entfalten. Die Abgrenzung von »denen da oben«, die wieder ein neues Kulturprogramm durch die Organisation treiben, obwohl sie keine Ahnung von den wirklichen Problemen des Geschäfts haben, trägt offenbar zur Selbstvergewisserung bei. Manchmal wird dadurch sogar ein Team gestärkt. So auch hier: Die kleine Gruppe hatte erfolgreich ihr »Feindbild« reaktiviert – und verließ nach dem letzten Schluck Milchkaffee bester Laune die Kaffeerunde.

__Unproduktiv wird es, wenn Führungskräfte und Mitarbeiter reflexhaft auf lähmende Sachzwänge verweisen und ihre Kraft dafür einsetzen, die eigene Passivität zu rechtfertigen. Es sind dann interessanterweise immer die anderen Organisationen, die angeblich über das Privileg einer »grünen Wiese« verfügen, auf der mutige Experimente möglich sind. Man selbst befindet sich hingegen im engsten Korsett von Regeln, die andere aufgestellt haben oder die vom Markt gesetzt sind: »Solange wir in diesem eng gesteckten Rahmen arbeiten, brauchen wir mit Experimenten auf gar keinen Fall zu beginnen.«

// **THE GRASS IS ALWAYS GREENER ON THE OTHER SIDE**

Erstaunlich, dass ein so starker Drang besteht, die Begrenztheit des eigenen Handelns im Vergleich zu anderen hervorzuheben.

__Im öffentlichen Dienst werden wir stets auf große Unterschiede zur – in scheinbar jeder Hinsicht – freien Wirtschaft hingewiesen, in Konzernen auf den Druck der Aktionäre, in Chemieunternehmen auf die Sicherheitsstandards und in Krankenhäusern auf die Dokumentationserfordernisse. Eines ist klar: Es gibt in jeder Organisation faktische Begrenzungen des Handlungsspielraums. Und manches Unternehmen ist davon ganz besonders betroffen. Unklug ist es aber, wenn Menschen damit beginnen, eine Art Opferhaltung zu kultivieren. Dann wird jegliche Energie eingesetzt, Argumente zu sammeln, weshalb etwas nie eine Chance auf Umsetzung hat.

__Die Geschäftsführerin eines großen Pflegedienstleisters berichtete uns: »Ich sage immer zu meinen Kollegen und Mitarbeitern: Wir wissen doch, dass von den Dingen, die von den Krankenkassen im Sinne der Qualitätssicherung gefordert werden, viele nicht sinnvoll sind. Aber was nützt es, sich mit aller Kraft dagegenzustemmen? Diese Forderungen sind eben so. Also akzeptieren wir sie, wie sie sind. Umso mehr ist es jedoch geboten, genau hinzuschauen, wo man eventuell selbst noch Bremsen eingebaut hat. Dagegen kann man nämlich etwas tun.«

// JEDER REITET GEGEN SEINE EIGENE WIND-MÜHLE AN

Erstarrung und wiederkehrendes Jammern sind langweilig und sinnlos.

__Der Schlüssel liegt genau in der Frage, wie wir mit Windmühlen in Organisationen umgehen, gegen die wir wie Don Quijote immer wieder anreiten und die uns wie Monster erscheinen. Dabei ist die Angelegenheit differenziert zu beantworten – je nachdem, wie diese Windmühlen beschaffen sind. Nur eine Strategie ist sicherlich die schlechteste: das erstarrte und wiederkehrende Jammern darüber, dass es Windmühlen gibt. Stattdessen tun Musterbrecher etwas. Sie handeln.

__Beispielsweise können sie vermeintliche Windmühlen ignorieren. Diese Überzeugung nahm sich kürzlich die Teilnehmerin eines unserer Workshops zu Herzen. Sie entschloss sich, so simpel dieses Experiment auch klingen mag, nicht länger über wöchentliche Reportings zu klagen, sondern diese schlicht und einfach nicht mehr abzuliefern. Nachdem auch nach der fünften Woche niemand die Zahlen einforderte, hatte sich die Sache erledigt – und es gab für sie eine Regel weniger.

// LIEBER 1 X ENTSCHULDIGUNG ALS 2 X BITTE

Viele Musterbrecher erreichen ihre Ziele dadurch, dass sie nicht ohne Not vorher um Erlaubnis fragen.

__In diesem Fall verhielt es sich genau so, wie es die bereits zitierte Geschäftsführerin ausdrückte. Es wurden offenbar irgendwann in der Vergangenheit interne Anforderungen definiert, die nicht (mehr) zu erfüllen waren. Insofern prüfen Musterbrecher immer, ob sie sich unmerklich über die Jahre zusätzliche belastende Regeln auferlegt haben.

__Etwas mutiger wird es, wenn man innerhalb eines Konzerns weitreichendere Vorgaben tatsächlich ignoriert. Wir erlebten mehrfach, dass Geschäftsführer dezentraler Konzerneinheiten ganz offen sagten, dass sie teilweise nur jede dritte Initiative »von oben« aufnehmen und umsetzen. Der Zusammenhang ist ganz einfach: Diese Extravaganzen sind kein Problem, wenn man die geforderten Schlüsselkennzahlen liefern kann. Oder wie es der CEO eines Mittelständlers, hundertprozentige Tochter eines großen Konzerns, ausdrückte: »Unser Vokabelheft besteht aus drei Wörtern: Umsatz, EBIT, Wachstum. Wenn du diese Wörter gelernt hast und die geforderten Größen erfüllst, lassen sie dich in Ruhe.«

__Manche Windmühlen kann man nicht ignorieren. Aber man kann verhindern, dass sie das eigene Handeln im Übermaß behindern. Die interne Analyse eines Technologiekonzerns brachte folgendes Ergebnis: Die Innovationen der erfolgreichsten Sparte des Unternehmens entstehen nicht weil, sondern obwohl man über ein ausgefeiltes Innovationsmanagement verfügt. Sicherlich kennen Sie auch gewisse Prozesse, von denen man sich kreative Lösungen verspricht. Innovationsmanagement ist nur ein Beispiel. Falls Sie nach einer ISO-Norm zertifiziert sein müssen, wäre es eine schlechte Idee, sich dem Zertifizierungsprozess zu verweigern. Dann ist womöglich Ihr gesamtes Geschäftsmodell in Gefahr.

> ## // PROZESSE SIND NUR HINTERGRUND-RAUSCHEN
>
> **Das bahnbrechend Neue oder eine besondere Qualität entstehen immer dann, wenn Menschen mit Fantasie sich entfalten dürfen.**

__Gemeinsam ist diesen Instrumenten, dass etwas strukturiert und gemanagt werden soll, was sich eben nicht strukturieren und managen lässt. Da sind sich alle Betroffenen einig. Der genannte Technologiekonzern verfügt glücklicherweise über solche Mitarbeiter, meist Physiker, Ingenieure, Chemiker, denen immer wieder etwas einfällt, was sich zu Geld machen lässt. Sie haben inzwischen ihren eigenen Weg gefunden, wie sie das System befriedigen und gleichzeitig in Ruhe forschen können. Der Prozess wird sozusagen ganz nebenbei mit einem Minimum an Aufwand »gefüttert«, während die eigentliche Entwicklungsarbeit im Vordergrund steht. Manchmal findet sie auch im »Untergrund« statt. Wir kennen Unternehmen, in denen es genau umgekehrt abläuft. Dort ist der Kreativprozess die Restgröße an Zeit und Energie, die nach dem »Befüllen« des Prozesses übrig bleibt. Entsprechend groß sind die Unzufriedenheit und der Zynismus der Mitarbeiter. Musterbrecher lassen es nicht zu, dass Prozesse und Systeme ein Eigenleben entwickeln und zur »Ersatzreligion« werden. Sie achten darauf, dass ihnen keine Energie geraubt wird,

die sie für Wichtigeres benötigen. Musterbrecher interpretieren Regeln kreativ und lassen Windmühlen in dem Gefühl, dass sie wichtig sind.

__Die dritte Kategorie von Windmühlen ist im Grunde gar kein Ärgernis, mit dem man umgehen muss. Vielmehr können sie auch Motivatoren sein. Denn als Gegengewicht zu den oft belastenden Anforderungen stellen Musterbrecher manchmal eigene Regeln auf, die sogar produktive Kräfte entfalten. Damit sind letztlich Selbstverpflichtungen gemeint. Wie ein Kompass, der den Weg zu einer Vision leitet. Etwas weniger abstrakt: Bei der allsafe GmbH erhalten Leiharbeiter zwischen fünf und zehn Prozent mehr Gehalt als Festangestellte. Dies ist sehr unüblich, schon gar nicht gesetzlich gefordert. Doch es ergeben sich aus diesem Vorgehen zahlreiche positive Effekte. So bauen die Leiharbeiter bei allsafe eine Bindung an das Unternehmen auf, weil sie sich wertgeschätzt fühlen. Folglich gibt es auch selbst gemachte Windmühlen, über die man nicht jammern muss. Sie stehen für etwas Sinnstiftendes, das zum Standard gemacht wird. Musterbrecher errichten für sich »sympathische Windmühlen« als fordernde Sparringspartner im geregelten Alltag.

__Der unproduktivste Umgang mit Windmühlen ist Unterwürfigkeit. Verschwenden Sie keine Energie damit, zu antizipieren, was obere Führungsebenen eventuell von Ihnen erwarten könnten. Machen beginnt damit, einfach loszulegen. Wir sind bei Telefonkonferenzen, an denen gestandene Führungskräfte teilnehmen, immer wieder Zeugen teilweise skurriler Szenen: Anstatt ein Konzept, von dem man über-

zeugt ist, dem Vorstand einfach souverän vorzuschlagen, wird vor dem Telefonat und währenddessen per WhatsApp mit den Kollegen die Gesprächsdramaturgie besprochen und angepasst.

// ES DROHT LANGWEILIG ZU WERDEN

Hineindenken ist gut. Erwartungsmanagement zu betreiben führt zu Mutlosigkeit.

__Im vorliegenden Fall war die Vorständin dann fast schon entsetzt über die angepasste Mutlosigkeit der unteren Führungsebenen. Sie hätte sich mehr Mumm bei den Vorschlägen für das nächste Managementmeeting erwartet – und kein Sicherheitskonzept. Gehen Sie einfach davon aus, dass das Topmanagement von Ihnen außergewöhnliche Vorschläge erwartet, zu denen Sie auch stehen. Andernfalls werden Sie so geführt, wie Sie das vermutlich nicht wollen. Im Zweifel können Sie sich immer auf das Leitbild berufen, in dem unter Garantie auch in Ihrem Unternehmen die Formulierung zu finden ist: »Wir fordern Mut von unseren Führungskräften und Mitarbeitern und fördern das Out-of-the-Box-Denken.« Musterbrecher hantieren nicht mit Erwartungen, die gar nicht vorhanden sind.

MUSTERBRECHER FRAGEN SICH:

• Auf welche Weise ignoriere ich Windmühlen, ohne mich angreifbar zu machen?

• Berichte ich meinen Kollegen genauso oft von meinen motivierenden Windmühlen, wie ich mich über das Qualitätsmanagement aufrege?

• Wie viel Zeit habe ich in der letzten Woche damit verbracht, mögliche Erwartungshaltungen von Vorgesetzten zu antizipieren?

AUF DEN PUNKT:

Windmühlen drehen sich überall – Musterbrecher regen sich ab und fangen an!

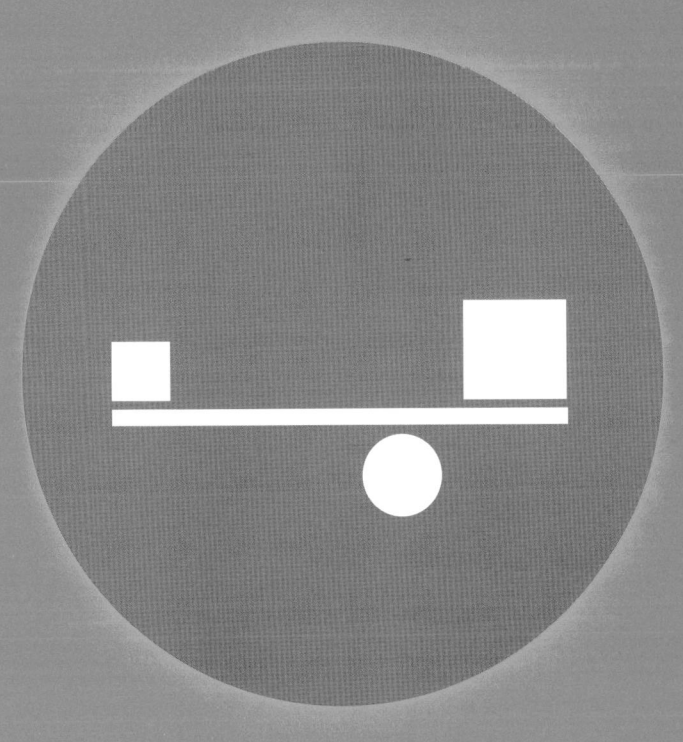

ROBUSTHEIT VOR EFFIZIENZ

Musterbrecher 6

Die Existenz des Großen Panda ist bedroht. Die meisten Gründe sind menschengemacht: Umweltverschmutzung, Einengung der Lebensräume, Abholzung der heimischen Wälder etc. Aber im Gegensatz zum Waschbären, der unter anderem auch in deutschen Mülltonnen seine Nahrung findet, kann der Große Panda nur eine bestimmte Sorte Bambus fressen. Dies tut er 10 bis 16 Stunden am Tag. Keine Abfälle auf Müllhalden, keine erjagten Tiere, keine anderen Pflanzen. Und wäre er nicht so possierlich, hätte China vor über 20 Jahren kein »Pandabär-Schutzprogramm« aufgelegt – und er wäre bereits ausgestorben.

__In der Sprache des Managements könnte man – freilich stark vereinfacht – sagen: Versorgungsstrategie und Nahrungsverwertung des Pandas sind äußerst effizient. Andere Pflanzen oder Tiere sind keine relevanten »Lieferanten«. Er »bezieht« seine Nahrung von nur einem einzigen »Anbieter«. In diesem Sinne verfügt er über eine große »Einkaufsmacht«. Seine Effizienz hat jedoch einen Haken: Dem Pandabären fehlt jegliche Robustheit, da er auf subtropische Berghänge mit starker Bewaldung angewiesen ist, in denen der für ihn überlebenswichtige Bambus wächst. Ohne Bambus hat er ein Problem.

__Allgemein stellen wir, wenn wir auf Effizienz blicken, die Frage: »Tun wir die Dinge richtig?« Wir fragen nach dem Nutzen-Aufwand-Verhältnis oder der Wirtschaftlichkeit. Effizienz misst Durchfluss an Materie, Information

oder Energle. Hier hätte der Panda sogar noch einiges
zu optimieren – etwa mehr Bambus in kürzerer Zeit zu
fressen.

// EFFIZIENZ

Tun wir die (falschen) Dinge richtig?

__Das Diktat der Effizienz ist allgegenwärtig. Wie gelingt
es, die Kosten bei gleichbleibenden Einnahmen – und nicht
selten bei geringerer Leistung – noch weiter zu reduzieren?
Fluglinien streichen auf Inlandsflügen die kostenlosen
Getränke für Passagiere. Trainer und Teilnehmer müssen
in Weiterbildungen ihr Frühstück im Seminarhotel selbst
bezahlen. Aufgaben im Wertschöpfungsprozess werden
auf den Kunden verlagert – der Digitalisierung sei Dank.
Produktionsprozesse werden optimiert, die Lagerhaltung
wird auf ein Minimum reduziert, die Verschwendung im
Unternehmen eliminiert. Nicht selten wird der sich ur-
sprünglich am Kundenwunsch und -bedürfnis orientierende
Ansatz des Lean Management – in falscher Weise – als
simpler Verschlankungsprozess verstanden und auch so in
Organisationen eingeführt.

// EFFIZIENZ – VIRUS GESELLSCHAFTLICHEN LEBENS

Mit acht Monaten in die Kinderkrippe, das Abitur mit 17, den Bachelor mit 20, den Master berufsbegleitend, Karriere, Kinder – und dann mit 70 in Rente, um mit 85 effizient nach Punkten und Zeitlisten im Altenheim gepflegt zu werden. So oder so ähnlich ist unser Leben effizient durchgetaktet.

__Wo bleiben Muße, kreativitätsfördernde Langeweile, der Blick zur Seite, Orientierungslosigkeit, um sich neu orientieren zu können, oder die Mehrspurigkeit, die Alternativen bereithält?

__Gesellschaften und Organisationen bringen sich nicht selten in ähnliche Situationen, wie der Große Panda, wenn sie versuchen, das Input-Output-Verhältnis im Übermaß zu optimieren. Denn Effizienz benötigt stabile Rahmenbedingungen. Aber es gelingt nur unter äußerer Stabilität, ein inneres Optimum zu finden. Wir sind in Prozessen nur innerhalb determinierter Variationen in der Lage, geringe Bandbreiten abzudecken. In der viel zitierten VUCA-Welt ist Effizienz keine sinnvolle Strategie. Gerhard Wohland, Physiker und Managementberater, beschreibt Dynamik als Maß für die Menge an Überraschungen, die ein System erzeugt oder die auf ein System einwirkt. Und es ist unschwer zu erkennen, dass Globalisierung, Digitalisierung, Bevölkerungswachstum, Umweltverschmutzung etc. die Anzahl der Überraschungen ansteigen lassen.

// NAIVE LÖSUNG EFFIZIENZ

In Zeiten zunehmender Dynamik zu glauben, dass Effizienz die Lösung ist, mutet naiv an.

__In der Natur sind nur Spezies überlebensfähig, die sich neben der Effizienz durch Robustheit, Belastbarkeit oder Resilienz auszeichnen. Die nach einer Störung in der Lage sind, zu einem neuen Muster überzugehen und nicht im alten zu verharren. Es ist nachhaltig überlebenswichtig, dass auch andere Nahrungsquellen genutzt werden können, dass in einem veränderten Umfeld und unter anderen Rahmenbedingungen ein Fortpflanzungspartner gefunden werden kann. Handlungsvielfalt, Bandbreiten, Flexibilität, Umwege und Redundanzen sind ebenfalls für Organisationen zentral.

// DOPPELT SO ROBUST WIE EFFIZIENT

Forscher haben gezeigt, dass für das Überleben biologischer Systeme Robustheit ungefähr doppelt so wichtig ist wie Effizienz.

__Der belgische Finanzexperte Bernard Lietaer bedient sich dieses Modells aus der Natur, wenn er zeigt, warum unsere Finanzsysteme zu effizient und nur wenig robust sind, wie sich an diversen Finanzkrisen der letzten Jahre zeigt.

__Ein Phänomen, das bei Musterbrechern immer wieder zu beobachten ist: Klassische Muster der Effizienz werden konsequent in Frage gestellt. Es wird nahezu verschwenderisch mit Themen umgegangen, die der dominanten Effizienzlogik entgegenstehen. Mitarbeiter erhalten die Zeitautonomie zurück, eingestellt wird nicht nach Stellenplan und Stellenbeschreibung, Möglichkeiten zur Weiterentwicklung werden angeboten, und Menschen werden in der eigenen Entwicklung unterstützt.

__In einem Automobilkonzern wurde etwa damit experimentiert, den Einarbeitungsprozess bewusst stärker in Richtung Robustheit zu entwickeln. Bislang war es üblich – betriebswirtschaftlich sehr sinnvoll –, Neulinge nach dem Studium oder der Ausbildung möglichst schnell in den Wertschöpfungsprozess zu integrieren. Deshalb wurden sie rasch in ein bestimmtes Aufgabenfeld eingearbeitet, um in diesem produktiv mitarbeiten zu können. Eine Führungskraft fand für ihren Nachwuchs einen anderen Weg. Sie verlängerte das Einarbeitungsprogramm auf 24 Monate. In dieser Zeit konnten die jungen Mitarbeiter national und international viele Aufgaben an unterschiedlichsten Standorten kennenlernen. Mit der Folge: Die Berufseinsteiger wurden nicht zu hundert Prozent effizient eingesetzt, weil sie das Unternehmen in seiner Breite kennenlernten. Aber sie waren nach zwei Jahren besser vernetzt als manche Mitarbeiter mit jahrzehntelanger Betriebszugehörigkeit, kannten zumindest große Teile des »Big Picture« und konnten von Anfang an lernen, dass das Arbeiten in Silos schädlich ist.

// AUF DER SUCHE NACH BALANCE

Musterbrecher haben genau dieses Spannungsfeld – bewusst oder unbewusst – erkannt. Sie fragen sich: Wie gelingt die Balance zwischen Effizienz auf der einen und Robustheit auf der anderen Seite?

__Anhand dieses Beispiels lässt sich ein interessanter Zusammenhang erkennen: Durch eine Investition in Robustheit besteht die Chance, dass – nicht sofort, aber mittelfristig – eine neue Art der Effizienz entsteht. Diese hat allerdings eine andere Qualität als die von kurzfristiger Optimierung des Input-Output-Verhältnisses geprägte Form der Effizienz.

__Vielen Führungskräften ist bewusst, dass Robustheit eine wichtige Kategorie ist. Doch sie erliegen der Versuchung, das Robuste effizient herbeiführen und steuern zu wollen. Ein Beispiel: Bei einem Energieversorger in der Schweiz sollten Nachwuchsführungskräfte den Raum zum Experimentieren erhalten. Dafür wurde ihnen Zeit »geschenkt«, die sie auf kreative Weise nutzten und Experimente starteten, die nicht auf die Verbesserung des Bestehenden ausgerichtet waren. Das Engagement der Potenzialkandidaten brach jedoch in dem Moment ein, als der Vorstand forderte, die Ideen auf einer Art Investitionsantragsformular zur Entscheidung einzureichen. Mit diesem Schritt schlug die Effizienzlogik zu – an einem Punkt, der Verschwendung dringend benötigte. Robustheit wird niemals durch Effizienz erreicht werden können. Nachhal-

tigkeit liegt in einem Spannungsfeld zwischen diesen beiden Polen. Mit jeder Steigerung der Effizienz geht ein Stück Robustheit verloren und umgekehrt.

__Darum sehen Musterbrecher die eigene Aufgabe darin, nicht nur im System zu arbeiten: etwa Bestehendes zu optimieren, zu verbessern, zu überwachen, Antworten zu geben, Kennzahlen zu »polieren«, Prozesse noch reibungsloser zu gestalten, die Ziele noch fester im Blick zu haben und alles Verschwenderische zu eliminieren.

> ## // ARBEIT AM SYSTEM
>
> **Sich Zeit nehmen, heraustreten, Gewohntes in Frage stellen, Neues ausprobieren**

__Musterbrecher arbeiten am System. Sie treten heraus, nehmen neue Perspektiven ein, verändern bewusst ein »running team«, irritieren, hinterfragen, leisten sich Auszeiten, gönnen sich Muße oder lassen sich Zeit für Dialoge. Somit arbeiten sie gegen eines der Kernprinzipien der Organisation, wie wir es seit Beginn des 19. Jahrhunderts kennen. Letztlich geht es paradoxerweise darum, immer wieder gegen die Organisation als unbeirrte Durchsetzerin von Effizienz zu arbeiten.

__Musterbrecher verändern ihre Organisationen. Sie verschieben den Schwerpunkt von der Effizienz hin zur Robustheit. Neue Aspekte rücken in den Fokus – ohne dass der Wert der Effizienz grundsätzlich negiert würde. Effizienz entsteht quasi nebenbei, ohne im Zentrum der Aufmerksamkeit zu liegen.

__Oder lassen Sie es uns anders formulieren: Musterbrecher sind dann ineffizient, wenn Selbstorganisation, Eigenverantwortung, eine partnerschaftliche Zusammenarbeit, Vertrauen oder Wertschätzung gefährdet sind.

// VERSCHWENDUNG GEFRAGT

Musterbrecher verschwenden klug in Menschen.

__Musterbrecher gehen verschwenderisch mit dem Zutrauen in Menschen um. Sie versuchen Fehler – oder besser: Irrtümer – im Vorfeld nicht durch bürokratische Regelwerke zu vermeiden. Sie denken die Dinge nicht gnadenlos zu Ende, sondern verschwenden Intuition und Bauchgefühl der Menschen. Sie bauen auf Redundanz, verzichten bewusst auf Synergiepotenziale, stellen Menschen mit vielfältigen Biografien ein, die auf den ersten und manchmal sogar auf den zweiten Blick nichts mit der originären Aufgabe des Unternehmens zu tun haben. Grundsätzlich bezahlt man fair und meist überdurchschnittlich, verzichtet aber konsequent auf Ausreißer nach oben wie nach unten. Wann immer möglich, verteilt man Boni nach der Teamleistung und nicht nach individueller Performance.

MUSTERBRECHER FRAGEN SICH:

• Weiß ich, was Einsparungsprogramme kosten?

• Wie viele neue Sonderfälle werden durch Standards erzeugt?

• Welche Minderleistungen werden durch Leistungsprämien erzeugt?

• Wie viel Verschwendung benötigen wir für nachhaltige Effizienz?

AUF DEN PUNKT:

2/3 Robustheit und 1/3 Effizienz – Musterbrecher betrachten eine »Verschwendung« in Menschen als effiziente Investition!

STRUKTUR VOR KULTUR

Musterbrecher 7

Finden Sie den Fehler!

• »Wir arbeiten jetzt verstärkt an unserer Kultur, nachdem wir zuvor die Prozesse glattgezogen haben.«

• »Es liegt jetzt natürlich an der Kultur, ob die Veränderungen auch gelebt werden.«

• »Die Sabine wird jetzt die Fäden bei den Kulturprojekten zusammenführen.«

• »Ich bin mal gespannt, ob von den ganzen Kulturthemen irgendetwas umgesetzt wird.«

• »Wer macht eigentlich die Kulturbausteine?«

• »Wir setzen jetzt das Thema Unternehmenskultur ganz oben auf die Agenda.«

• »Leon und Sara sind bei der Initiative als Kulturbotschafter nominiert worden.«

__Vielleicht ist es nicht ganz präzise, von Fehlern zu sprechen. Eher geht es um die zweifelhaften Grundannahmen, die hinter diesen Sätzen stecken. Verkürzt lauten sie: Man kann, man muss Kultur gestalten. Sie kann gezielt gemanagt werden. Und diese Arbeit lässt sich auf einen bestimmten Kreis von Führungskräften und Mitarbeitern delegieren. Es gibt bestimmte Phasen und Zeitfenster für Kulturgestaltung. Und man kann sich eine funktionierende Kultur von anderen Organisationen abschauen. Nach dieser Vorstellung ist die Unternehmenskultur etwas, was sich greifen und formen lässt. So wie ein Produkt, dem man ein paar moderne Features hinzufügt und das man anschließend als Neuauflage

wieder auf den Markt bringen kann. Wenn man die In Unternehmen verwendete Sprache analysiert, ist diese Vorstellung ziemlich verbreitet, obwohl sie in dieser sehr zugespitzten Form sicherlich von jedem belächelt würde.

// KULTUR IST RESULTAT

Wenn es darum geht, die meisten Fehler in einem Satz zu finden, eignen sich Unterhaltungen über Unternehmenskultur ziemlich gut. Unser geschätzter Kollege Lars Vollmer würde sagen: Kulturgestaltung ist ein Oxymoron.

__Kultur ist immer nur das Ergebnis von etwas. Und dieses Etwas ist im Grunde gar nicht so schwer zu fassen. Es ist etwas sehr Handfestes, meistens die Struktur der Organisation. Wenn man dieses Etwas aber antastet, weiß man nie, was es für die Kultur bedeutet. Die einzige Chance, irgendwie die Kultur eines Unternehmens zu beeinflussen, besteht darin, etwas zu tun oder zu lassen – und abzuwarten, was passiert. Demzufolge machen Musterbrecher keine Kulturprogramme, sondern sie experimentieren mit Strukturen.

__Genau das hat man bei der bereits erwähnten allsafe GmbH getan, indem man sämtliche Abteilungen abgeschafft hat. Die Organisation erfolgte ab diesem Zeitpunkt ausschließlich nach Prozessen. Das geschah zwar nicht zur Freude aller (ehemaligen) Abteilungsleiter, aber nur eine Handvoll verließ das Unternehmen. Die anderen fanden sich in ihrer neuen Rolle als Fachspezialisten und Teamentwickler gut zurecht. Das oben erwähnte »Etwas« bestand also aus einer Änderung der Organisationsstruktur. Dazu bedurfte es nur einer Entscheidung und deren Umsetzung. Und natürlich hatte diese Veränderung Einfluss auf die Unternehmenskultur.

__Die Verantwortlichen hatten eine Hypothese im Kopf, als sie sich zu diesem Schritt entschlossen. Sie lautete: Wenn es keine Abteilungen mehr gibt, die ihrem Wesen nach zwangsläufig zu einer Abgrenzung führen, werden sich die Mitarbeiter für den gesamten Prozess verantwortlich fühlen. Ein durchaus plausibler Gedanke.

__Erstellen Sie deshalb eine sinnvolle Hypothese über die Wirkung einer Strukturänderung auf die Kultur. Und verändern Sie dann schlicht die Realität, die Arbeitsumgebung, in der Menschen arbeiten – und beobachten, was geschieht.

__Als Führungsprofi sind Sie vielleicht bis jetzt, zumindest im Großen und Ganzen, mit der Argumentation einverstanden. Doch schießen Ihnen nicht gerade Bilder von Situationen in den Kopf, in denen alles ganz anders verlief? Es wurden vielleicht bei einer Reorganisation Strukturen auf den Kopf gestellt, aber in den Köpfen der Menschen hatte sich gar nichts verändert. Das mag sein. Aber das waren sicherlich immer diejenigen Fälle, in denen Abteilungen neu sortiert oder Zuordnungen geändert wurden. Kurzum: Die Strukturänderungen mögen für einzelne Personen bedeutsam gewesen sein, weil diese vielleicht ihre Führungsverantwortung verloren haben. Oder es wurde eine Matrixorganisation eingeführt, in der es plötzlich ein Kompetenzgerangel an den Kreuzungspunkten gab. Aber es

wurde nie die Grundlogik der hierarchischen Organisation angetastet.

// EINEN UNTERSCHIED MACHEN

Es ist Strukturkosmetik, Regeln für Meetings einzuführen. Ohne Stühle, begrenzt auf 60 Minuten, Notebook-Verbot etc. Das kennt man. Der Point of no Return aber wäre, das Konzept »Besprechung« zu löschen. Dann reagiert auch die Kultur.

__Es geht also bei kulturbeeinflussenden Strukturveränderungen darum, radikal zu sein, wirklich einen Unterschied zu machen, einen Point of no Return zu provozieren. Das funktioniert immer dann, wenn Menschen merken, dass sie nicht in derselben Art und Weise weiterarbeiten können, wie es zuvor möglich war. Man muss dabei nicht nur in den Kategorien der Reorganisation denken. Zur Struktur zählen im weiteren Sinne auch Methoden und Instrumente. Und auch hier gilt, dass die Einführung (oder das Weglassen) einen spürbaren Unterschied machen muss. Man darf nicht unbeeindruckt von der Veränderung sein altes Muster fortsetzen können.

__In der brasilianischen Stadt Curitiba hat man bereits in den 1970er-Jahren eine Fußgängerzone gebaut. Damit war die Stadt Vorreiterin in Lateinamerika. Das Experiment wurde in unfassbaren 72 Stunden realisiert. Danach mussten die Bürger mit dem Konzept »Auto« zwangsläufig anders umgehen. Die Hypothese lautete: Wenn man eine Innenstadt ohne Autos schafft, kommen wir der Kultur eines Austauschs zwischen

Menschen näher. Die Rechnung ging auf. Nach einem Test – man wandelte zunächst nur ein paar Blocks in eine Fußgängerzone um – wurde die Zone ausgebaut.

__Ein Großunternehmen entschloss sich, in einem Geschäftsbereich die Mailkommunikation zwischen Kollegen innerhalb einer Abteilung zu unterbinden. Man wollte das, was früher normal war, nämlich das direkte persönliche Gespräch, etablieren. Also wurden mit einer IT-Lösung Fakten in Form einer »E-Mail-Bannmeile« geschaffen: Das Team im eigenen Stockwerk konnte nicht mehr per Mail angeschrieben werden.

__Das Orpheus Chamber Orchestra hat keinen Dirigenten. Wenn es keinen Dirigenten gibt, müssen sich die Orchestermitglieder über die Art und Weise des aufzuführenden Stücks abstimmen – in der Probe und während der Aufführung. Wenn ein Organisationsentwickler in einem Unternehmen eine Kultur der wertschätzenden Abstimmung etablieren wollte, wäre es wahrscheinlich nicht auf die »Abschaffung« des Chefs hinausgelaufen, sondern man hätte dem Dirigenten Kurse in empathiezentriertem Führungsstil verordnet.

__Beim PC-Großhändler Synaxon hat jeder Mitarbeiter das Recht, Änderungen in den Prozessen vorzunehmen, also beispielsweise den Einkaufsprozess neu zu strukturieren. Dies geschah mit Hilfe der Einführung eines neuen simplen Instruments, eines Prozess-Wiki. In den ersten sechs Jahren seit der Einführung gab es über 500 000 Änderungen, die von Mitarbeitern ohne Rückfrage vorgenommen wurden. Es erfolgte übrigens kein einziger Missbrauch. Das Risiko war durchaus gegeben, weil man sich durch das Instrument – ein

Zeichen für maximales Zutrauen in die Mitarbeiter – ver-verwundbar gemacht hatte.

__Was kann man aus diesen Beispielen lernen?

__Überlegen Sie sich sehr genau eine Hypothese über den Zusammenhang zwischen einerseits Methoden, Regeln, Verfahren und sonstigen »harten« Strukturelementen und andererseits »weicher« Unternehmenskultur. Was durch bestimmte Strukturen schlicht unmöglich gemacht wurde, kann dann auch mit nachträglicher »Seelenmassage« im Sinne der Kulturarbeit nicht mehr gerettet werden. Welches Instrument – oder in diesem Sinne auch wieder: welche Regel im Sinne eines harten Pols – führt dazu, dass mit hoher Wahrscheinlichkeit in einer gewissen Art und Weise (zusammen)gearbeitet werden muss?

// WANN WIRD KULTUR EIN DING DER UNMÖGLICHKEIT?

Immer dann, wenn es einen völligen Widerspruch zwischen bestehenden Strukturelementen und gewünschter Kultur gibt. Solange es etwa ein Mehr-Augen-Prinzip gibt, muss die Hoffnung auf gelebte Eigenverantwortung einfach nur als naiv bezeichnet werden.

__Es ist sinnvoll, eine Strukturänderung so radikal vorzunehmen, dass es keine Möglichkeit gibt, die neue Rahmung zu ignorieren oder an ihr »vorbeizuarbeiten«. Beobachten Sie ganz genau, was mit der Kultur passiert, wie Menschen auf die neue Realität reagieren und wie es ihnen dabei geht. Und nehmen Sie in Kauf, dass es Führungskräfte und Mitarbeiter geben wird, die damit nicht zurechtkommen. Jetzt kommt auch wieder jene Kulturarbeit ins Spiel, von der wir uns eingangs abgrenzen wollten. Allerdings in einem ganz anderen Sinne. Nämlich nicht als Beginn der Veränderung, sondern als begleitende Reflexionsaufgabe, nachdem sich die Struktur verändert hat.

__Und denken Sie daran, dass alles veränderbar ist. Jede Struktur kann gedreht werden, wenn Sie das möchten. Selbst die Fußgängerzone in Curitiba begann als Experiment und hätte wieder rückgängig gemacht werden können.

// KLEINE MÜCKEN SIND EFFEKTIV

»Wenn du glaubst, du bist zu klein, um etwas zu verändern, hast du noch nie eine Nacht mit einem Moskito im selben Raum verbracht.«
Anita Roddick, Gründerin von »The Body Shop«

__Und wenn Sie jetzt sagen, dass das große Rad von Ihnen nicht gedreht werden kann, weil es kaum in Ihrer Macht steht, das Personalbeurteilungssystem abzuschaffen oder ein Team ohne Führungskraft ins Leben zu rufen, dann sind wir so dreist, Ihnen wie folgt den Wind aus den Segeln zu nehmen: Auch wenn Ihr Verantwortungsbereich noch so klein ist, können Sie zumindest in diesem Bereich all das, was wir unter Struktur verstanden haben, verändern. Und

damit haben auch Sie immer Einfluss auf die Kultur, in der
Sie arbeiten.

MUSTERBRECHER FRAGEN SICH:

• Wann habe ich das letzte Mal die Formulierung
verwendet, man müsse endlich eine neue Kultur
schaffen?

• Glaube ich, dass man in meinem Unternehmen
wertschätzender und vertrauensvoller miteinander
umgeht, nur weil man einen Kulturbotschafter hat?

• Wie oft verwechsle ich in meiner Organisation
berechenbare Reorganisationskosmetik mit Strukturveränderungen, die wirklich einen Unterschied
machen?

• Welche Kultur hat aufgrund welcher vorhandenen
Strukturelemente keine Chance?

AUF DEN PUNKT:

Es beginnt immer mit der Struktur – Musterbrecher verschwenden keine Zeit für Kulturprogramme!

KUNTERBUNT VOR DIGITAL

Musterbrecher 8

In einem großen deutschen Konzern war es selbstverständlich, dass Mitarbeiter während ihrer Dienstreise ihre Kleidung auf Kosten der Firma reinigen ließen. Einige wenige »Spezialisten« nutzten diesen Service aus. Sie nahmen auch ihre Schmutzwäsche von zu Hause mit, um diese auf Kosten der Firma waschen zu lassen. Das Management reagierte hochprofessionell auf diesen Missbrauch. Und zwar mit einem firmenweiten »Wäsche-Erlass«, juristisch sauber formuliert und in mehreren Sprachen ins Intranet gestellt. Der Inhalt: Wäsche waschen – nur jeden zweiten Tag ein Hemd oder eine Bluse. Das galt übrigens unabhängig von Jahreszeit und klimatischer Region.

__Was ist hier passiert – und was waren die Nebenwirkungen? Durch die Vorschrift sollte, aller Ehren wert, Gerechtigkeit hergestellt werden. Dagegen ist nichts zu sagen; denn es ist schlicht nicht in Ordnung, wenn einige Mitarbeiter die Organisation für den eigenen Vorteil ausnutzen. Aber: Auch mit diesem Kontrollsystem wird es nicht gelingen, die Minderheit derjenigen, die das Vertrauen missbraucht haben, nachhaltig zu disziplinieren. Die Energie für den kreativen Systembetrug ist unendlich groß, vor allem dann, wenn man ihn durch Bürokratie herausfordert. Viel schlimmer jedoch ist: Man hat die 99 Prozent der Ehrlichen mit dieser Form der Systemauslegung auf den Worst Case nachhaltig frustriert und demotiviert.

// KONTROLLE ALS GROSSE ILLUSION

Die schwarzen Schafe sind immer nur eine kleine Minderheit. Wenn die ganze Belegschaft unter Generalverdacht gestellt wird, führt das zu Demotivation. Und schwarzen Schafen fällt immer etwas ein, selbst durch die engsten Maschen eines Kontrollnetzes zu schlüpfen.

__Musterbrecher versuchen nicht, diese oder vergleichbare Probleme mit einer vermeintlich eindeutigen Vorschrift in den Griff zu bekommen. Zum einen sind die Nebenwirkungen beträchtlich: Bürokratie, Zeitverlust, juristische Absicherung etc. Zum anderen wird sich – egal, was Sie tun – die Gerechtigkeitslücke nie ganz schließen lassen. Es werden einige Igel immer schon im Ziel sein, so schnell die von Ihnen engagierten Hasen auch sein mögen. Was lernen wir daraus? Vergessen wir die Vorstellung, ein Cockpit aufbauen zu können, das eine so große Herausforderung wie das Herstellen von Fairness und Gerechtigkeit glasklar meistern könnte! Das wäre die Logik des Managens. Die Logik des Führens hingegen würde akzeptieren, dass man sich hier in einem paradoxen Feld bewegt. Demzufolge würden Musterbrecher die vereinzelten »Übeltäter«, wenn man sie erwischt, zwar bestrafen, aber ansonsten die Mehrheit der »weißen Schafe« nicht mit pseudowirksamen Regularien belästigen.

__So muss man es auch aushalten, dass manche Mitarbeiter ein Smartphone erhalten, andere aber nicht. Und vielleicht erfolgt die Bewilligung eben gerade nicht nach

Hierarchie, sondern anhand von Überlegungen, die sich nicht objektiv abbilden lassen. Sehr souverän erlebten wir dies kürzlich bei einem Abteilungsleiter: Er blieb bei seinem alten Nokia-Handy, obwohl ihm ein Smartphone »zustand« – stattdessen bekam seine Assistentin eines.

__Sosehr man sich auch anstrengt, es wird keinen Katalog von Kriterien geben, die einem bei der gerechten Zuteilung von Smartphones helfen. Hier können Sie sich als Führungskraft nicht aus der Verantwortung ziehen. Sie befinden sich mitten in der Unmöglichkeit eines objektiv gerechten Entscheidens.

> ## // IF CONTEXT = »TONES OF GREY«, THEN »LEADERSHIP«
>
> **Wenn es für alles eine eindeutige Regel gäbe, wäre Führung überflüssig.**

__Wie unwohl sich viele Führungskräfte im Farbspektrum der Grautöne fühlen, merken wir häufig dann, wenn wir für die inhaltliche Begleitung und Moderation von Führungskräftetagungen engagiert werden. Damit wir die Muster der Organisation besser verstehen, führen wir meist im Vorfeld mit einem Teil der teilnehmenden Manager narrative Interviews. Das sind Gespräche, die ganz bewusst auf einen Fragebogen verzichten. Stattdessen erzählen Menschen ihre Geschichten; in diesen werden ihre Wahrnehmungen und Haltungen bezüglich verschiedener Fragestellungen deutlich. In diesen Interviewprozessen merken wir, dass Menschen eine sehr »digitale« Erwartungshaltung haben. Wir werden

nämlich oft gefragt, ob es nicht ausreichen würde, wenn wir von den 40 Führungskräften nur acht befragten. Sind das verwertbare Ergebnisse? Sichert das Vorgehen objektive Erkenntnisse? Wird auch aus jeder Ebene dieselbe Anzahl an Personen befragt? Und auch bei der Verdichtung der Interviews stoßen wir oft auf Skepsis. Wenn sich die Führungskräfte dann im Workshop über die von uns formulierten Hypothesen austauschen, spüren wir bisweilen eine leichte Irritation. Das wird aber so nicht richtig ausgedrückt! Soll sich das auf die hier anwesenden oder auf alle Führungskräfte beziehen? Sie müssen das definieren! Manchmal hören wir auch: Diese Wahrnehmung ist falsch!

// SPRACHE LÄSST SICH NICHT DIGITALISIEREN

Eine Beispielhypothese: »Nach wie vor wird eine Führungskraft akzeptiert, wenn sie fachlich mindestens auf Augenhöhe mit der Sachbearbeitung ist.« Fragen der Teilnehmenden: Was heißt »akzeptiert«? Unterstützt, respektiert oder etwas ganz anderes? Was bedeutet »Augenhöhe«? Demokratie, Dialog, Zuhören …

__Selbstverständlich enthalten Wahrnehmungen, die mit Sprache formuliert werden, immer Unschärfen. Das liegt in der Natur der Sache. Offenbar können wir in Organisationen mit genau diesen Unschärfen relativ schlecht umgehen. Denn wir sind es gewohnt, dass aus einer Befragung ein klares Ergebnis hervorgeht – ausgedrückt durch Zahlen und stets in der Logik von »richtig/falsch« oder »besser/schlechter«. Wenn man die Leitunterscheidung der Digitalisierung zu-

grunde legt, wurden wir interessanterweise schon immer in der Logik von »null« und »eins« sozialisiert.

__Aber Unschärfe und Ambivalenz lassen sich nun einmal nicht ausblenden oder »wegrechnen«. Wir sind davon überzeugt, dass Führungskräfte immer mehr zu Parado-xievirtuosen werden müssen. Man könnte auch sagen: zu Anwälten der Ambivalenz. Es ist jedoch wichtig, das »Sowohl-als-auch« nicht mit Beliebigkeit zu verwechseln. Man kann keinesfalls alles so oder so sehen. Relativismus ist ein schlechter Berater – nicht nur für Führungskräfte.

__Wir sind oft im Austausch mit Christoph Kraller, Geschäfts-führer der Südostbayernbahn. Er bezeichnet sich selbst als großen Anhänger der Balanced Scorecard. Dieses Instrument helfe ihm, einen möglichst umfassenden Blick auf sein Un-ternehmen zu werfen. Seine Mitarbeiter liefern ihm hierfür die relevanten Zahlen, damit das Bild stets so vollständig wie möglich ist. Zugleich aber ist Kraller sehr offen für neue Ansätze, besucht auf den ersten Blick scheinbar nicht so relevante Seminare. Seit einiger Zeit experimentiert er in einem Geschäftsbereich mit einem Team, das vollständig ohne Leitung operiert. Es organisiert eigenverantwortlich eine Strecke im Regionalverkehr. Hier wird Selbstorganisation sehr konsequent auf die Probe gestellt, und zwar ohne den Einsatz irgendwelcher Steuerungsinstrumentarien. Darauf wollen wir hinaus: Es werden beide Welten »bedient«. Einer-seits die zahlenbasierte – wenn man so will: digitale – Steue-rungslogik, andererseits die durch Grautöne charakterisierte Experimentierwelt. Die neue Berechenbarkeit liegt nicht in sturer Prinzipienreiterei, sondern im gleichzeitigen Tun von Unterschiedlichem, manchmal sogar Entgegengesetztem.

// VORSICHT, BINÄRFALLE!

In digitalen Zeiten ist es keine gute Idee, in der Führung die binäre Logik nachzuahmen. Je digitaler die Welt wird, desto analoger muss Führung wieder werden!

__In diesem Sinne haben wir auch viel von Helmut Lind, Vorstandsvorsitzender der Sparda-Bank München, gelernt. Auf viele seiner Branchenkollegen wirkt er wahrscheinlich ein wenig esoterisch. Denn an mehr als 40 Tagen im Jahr führt er persönlich Workshops mit seinen Filial- und Abteilungsteams durch, um über die eigene Unternehmenskultur zu reflektieren. Dabei scheut er sich nicht, auch spirituelle Inhalte aufzugreifen, die so gar nichts mit Messbarkeit und Eindeutigkeit zu tun haben. Dies ist die eine Seite. Auf der anderen Seite wartete die von ihm geführte Bank vor zwei Jahren mit den meisten Konto-Neueröffnungen im gesamten Bankenverbund auf. Und dieser messbare Erfolg, der dann durchaus digital mit »mehr/weniger« im Benchmarking bewertet werden kann, ist ihm genauso wichtig. Wer rechnen kann, darf also auch esoterisch sein. Musterbrecher ertragen es, wenn sie in keine oder mehrere Schubladen gleichzeitig passen.

MUSTERBRECHER FRAGEN SICH:

• Wie gehe ich mit Befragungsergebnissen um, aus denen ich nicht »richtig« und »falsch« ableiten kann?

• Ertrage ich es, wenn jemand meinen scheinbar fehlenden roten Faden moniert, obwohl ich auf widersprüchliche Anforderungen reagieren muss?

• In welchen Momenten versuche ich, die digitale Logik in meinem täglichen Führungshandeln anzuwenden?

• Wann habe ich das letzte Mal vor meinen Mitarbeitern zugegeben, dass ich eine Entscheidung mit großer Tragweite nicht objektiv belegen kann?

• Habe ich die Nebenwirkungen im Blick, wenn ich Gerechtigkeit über Management und nicht über Führung herstellen will?

AUF DEN PUNKT:

Unschärfe und Widersprüche akzeptieren – Musterbrecher fühlen sich im Farbspektrum der Grautöne wohl!

VERSTEHEN VOR VERÄNDERN

Musterbrecher 9

»Die sollen auch im Innendienst endlich kundenorientiert handeln.« So begann unser Briefing bei
einem deutschen Versicherungsunternehmen. Der
Leiter Organisationsentwicklung sagte: »Man muss
einfach das Mindset der Mitarbeiter verändern. Wir
müssen eine neue Denke in ihre Köpfe hineinbrin-
gen.« Nach Auffassung der Bereichsleitung sollte
dies innerhalb von 18 Monaten geschehen. Wir
wurden ausführlich über die Aktivitäten der letzten
Jahre informiert. Man befand sich mitten in einem
tiefgreifenden Veränderungsprozess und hatte sich
sehr viel vorgenommen. Und es wurden mit »Vertrauen«, »Wertschätzung« und »Kundenorientierung« drei Kernwerte definiert, die in jeweils
18-monatigen Loops zum Leben erweckt werden
sollten. Unser Gesprächspartner deutete an, dass
die ersten beiden Werte schon so gut wie »imple-
mentiert« seien. Jetzt fehlte also nur noch die
Kundenorientierung. Bereits in der kommenden
Woche werde mit den Trainings der Teamleiter
begonnen, die in verschiedenen Modulen – von
Gesprächstechniken bis hin zur Körpersprache –
fit für den Kundenkontakt gemacht würden. Im
Anschluss sollten diese Schulungen dann entlang
der Hierarchie bis auf die Sachgebiete »herunter-
kaskadiert« werden.

// DIE EWIG ALTE HOFFNUNG

Auftauen, verändern, einfrieren, auftauen und wieder verändern ...

__Wir beobachten diese und ähnliche Vorgehensweisen häufig. Dabei könnte man statt Kundenorientierung auch jeden anderen Begriff aus dem Kanon des wünschenswerten Verhaltens verwenden. Es besteht offenbar die Überzeugung, man könne Menschen verändern, wenn man nur hinreichend professionell zu Werke geht. Schließlich müssten doch alle einsehen, dass es sinnvoll ist, wenn auch die Mitarbeitenden im Innendienst eine kundenzentrierte Haltung an den Tag legen – und nicht nur mit den externen, sondern auch mit den internen Schnittstellenpartner so behandeln, wie man das von einem Dienstleister erwarten darf.

__Man darf bei alledem nicht vergessen, dass Mitarbeitende möglicherweise nicht zufällig im Innendienst arbeiten. Es könnte vielmehr sein, dass jemand seinen Arbeitsplatz ganz bewusst ausgewählt hat – und keinen direkten Kundenkontakt möchte. Oder dass der Begriff Kundenorientierung weder universell noch selbsterklärend ist.

__Der Bremer Neurobiologe Gerhard Roth erläuterte uns, weshalb Veränderungsappelle so zuverlässig ins Leere laufen. Erwachsene verfügen qua ihrer Persönlichkeit über ein Spektrum möglicher Verhaltensweisen. Innerhalb dieser Bandbreite können sie sich bewegen. Doch jenseits dieses

Spektrums ist keine Veränderung möglich, jedenfalls nicht im Sinne einer von außen geforderten Veränderung. Und vor allem dann nicht, wenn emotionale Kategorien betroffen sind. Jeder Veränderungsappell »attackiert« jedoch mehr oder weniger die Emotionen von Menschen und stellt eine Zumutung dar: »Ihr müsst kundenorientierter werden!« oder »Wir müssen die Komfortzone verlassen!« – so lauten die Appelle.

__Niemand und nichts wird sich durch diese Appelle verändern. Zumal der unterschwellige Vorwurf lautet, dass die Mitarbeiter bislang nicht team- oder kundenorientiert gewesen seien. Anstatt mit zwar professionellen, aber letztlich trivialen Change-Instrumenten die emotionalen Bandbreiten von Menschen verändern zu wollen, sollte man vielmehr diese Bandbreiten wirklich zu verstehen suchen und Menschen zum »Spurwechsel« einladen.

// EINLADEN ZUM SPURWECHSEL

Dies erfordert einerseits Führungsgeschick, manchmal auch eine »gestupste Freiwilligkeit«, weil man erst einmal das Neue sehen muss, um es für sich bewerten zu können. Deshalb ist es gut, wenn Mitarbeiter mit neuen Herausforderungen konfrontiert werden. Immer mit einer Ausstiegsoption versehen, denn Einladungen darf man auch ablehnen.

__Jedes Experiment, das auf Veränderung zielt, muss auf der Einsicht basieren, dass es nicht unmittelbar die Veränderung von Menschen ins Visier nehmen darf. Das klingt

seltsam realitätsfern, mögen Sie nun einwenden, wenn Ihnen der Vorstand gerade die Aufgabe gestellt hat, den Innendienst möglichst schnell »fit für den Kunden« zu machen. Wir haben gelernt, dass gewisse Umwege nötig sind und jeder Schritt in Richtung Veränderung mit dem Verstehen beginnt – und zwar in unterschiedlicher Hinsicht.

__Machen wir es konkreter und bleiben zunächst beim Klassiker der Kundenorientierung. Es empfiehlt sich, von der Annahme auszugehen, dass in den allermeisten Fällen niemand absichtlich gegen den Kunden arbeitet. Wenn diese Prämisse gesetzt ist, lässt es sich leichter verstehen, dass unterschiedliche Verständnisse von Kundenorientierung existieren. So gibt es Facetten eines Verhaltens im Sinne des Kunden, die nichts mit dem Klischee eines offensiv-höflichen Verkäufers zu tun haben. Wir haben Sachbearbeiter erlebt, die deswegen geschätzt wurden, weil sie sachlich, fast schon nüchtern, aber mit hundertprozentiger Zuverlässigkeit und Präzision die Probleme der Kunden gelöst haben. Demgegenüber haben wir bei einem europäischen Postdienstleister erlebt, dass Mitarbeiter gemäß Leitbild genötigt wurden, den Kunden zu »lieben«. Niemand stellte sich die Frage, ob Kunden überhaupt geliebt werden wollen und ob Mitarbeiter nicht schon sehr viel tun, wenn sie Kundenwünsche ernst nehmen und zu ihren eigenen machen.

// DAS RECHT ZUR EIGENEN INTERPRETATION

Im Meer der konsenstauglichen Worthülsen zwischen Nachhaltigkeit und Innovation müssen wir hinter die Begriffe schauen.

__Musterbrecher akzeptieren, dass Mitarbeiter Begriffe unterschiedlich interpretieren. Deshalb machen sie sich die Mühe, Begriffsarbeit zu leisten. Dies geschieht nicht in esoterischen Gesprächszirkeln, sondern es geht um eine zielführende Auseinandersetzung darüber, was die gängigen Universalforderungen – Eigenverantwortung, Innovation usw. – im konkreten Fall für die jeweilige Person bedeuten. Andernfalls würden sie in ihren Teams auf abstrakter Ebene mit den üblichen Plastikwörtern jonglieren, die alles und nichts bedeuten.

__Weiter oben haben wir das Bild vom Spurwechsel erwähnt. Mit diesem Bild lässt sich gut verdeutlichen, wie man Veränderung verstehen kann. Gehen wir davon aus, dass jeder Mensch über bestimmte Bandbreiten möglicher Verhaltensweisen verfügt. Man kann sich diese Bandbreite als eine Autobahn mit mehreren Spuren vorstellen. Vermutlich haben wir alle eine Lieblingsspur, auf der wir uns am wohlsten fühlen – sowohl im privaten als auch im Arbeitsalltag. Gehen wir ferner davon aus, dass es für eine Organisation wichtig ist, dass bestimmte Spuren, etwa die der Kundenorientierung, verstärkt beachtet werden. Wie ist dieser Spurwechsel dann zu bewerkstelligen? Zweifellos weder mit Druck oder Incentives noch mit kognitiven Belehrungen. Die einzige

Chance besteht darin, Mitarbeiter einzuladen, die Spur zu wechseln, damit sie andere Erfahrungen sammeln können. Die Frage für Führungskräfte lautet also: Wie kann ich ein Umfeld schaffen, in dem es gelingt, dass Mitarbeiter neue Erfahrungen sammeln wollen?

__Wir haben in zahlreichen Experimenten gesehen, dass dies möglich ist. Besetzen Sie zum Beispiel interne Projekte nicht nur mit denjenigen Personen, die schon bei allen vergleichbaren Projekten zuvor ein Team gebildet haben. Schreiben Sie abteilungs- oder sogar bereichsübergreifend und ohne Einschränkung die Projektrollen offen aus – und lassen sich von der Resonanz überraschen. Ermuntern Sie auf diese Weise Menschen zum Spurwechsel. In den allermeisten Fällen werden sich auch Mitarbeiter melden, deren Potenzial Sie im Hinblick auf die geforderte Aufgabe nicht im Blick hatten. In den von uns begleiteten Experimenten zeigte sich, dass Mitarbeiter ihre eigenen Spuren besser kennenlernten und versteckte Stärken zum Einsatz bringen konnten. Introvertierte Menschen, die bislang eher im Verborgenen arbeiteten, übernahmen beispielsweise im Prozess probehalber die Projektkommunikation.

// WIRKLICH VERSTEHEN, WO DIE POTENZIALE LIEGEN

Jeder Mensch hat seinen Bereich, in dem er exzellent ist. Wenn man diese besonderen Stärken der Menschen ausfindig macht, gelingt es, Potenziale auch in der Firma zum Einsatz zu bringen.

__Dies taten sie zwar nicht mit denselben »lauten« Mitteln wie ausgewiesene »Verkäufer«. Aber sie bewiesen sich und anderen, dass sie auf andere, vielleicht subtilere Weise für das Projekt ebenso effektiv werben konnten. Sie waren unaufdringlich, antworteten mit einem schlichten »Bitte« auf ein »Danke« und nicht mit »Sehr, sehr gerne« und wollten keine »Likes« einsammeln. Eine neue Facette, eine neue Spur wurde getestet – und erfolgreich zum Einsatz gebracht.

__In einer Organisation weiß man natürlich, welche Aufgaben im jeweils anderen Bereich erledigt werden müssen. Zumindest kognitiv besteht Klarheit. Aber in den seltensten Fällen ist es einem emotional bewusst, mit welchen Herausforderungen die anderen umzugehen haben. Dies erfuhren wir bei einem Experiment in einem Krankenhaus, einem Typ von Organisation, der besonders anfällig ist für die Abgrenzung von Berufsgruppen (Medizin, Pflege, Verwaltung). Jahrelange Appelle, man möge doch bitte besser zusammenarbeiten, fruchteten nicht. Kollaborationstools, Dialogrunden und sonstige Plattformen blieben ungenutzt. Erst als sich die Akteure darauf einließen, im Zuge intensiver wechselseitiger Hospitationen die Alltagsherausforderungen der Kollegen in ihrer emotionalen Tragweite zu verstehen, konnten sie begreifen, welche Auswirkungen das persönliche Verhalten auf die Arbeitsfähigkeit der anderen hat. Nach diesen Hospitationen war es spürbar, dass viele Mitarbeiter ihre Art der Zusammenarbeit mit anderen Bereichen veränderten. Plötzlich hatten Mediziner Verständnis für die Forderung der Verwaltung nach Statistiken, umgekehrt erlebten die Mitglieder der Verwaltung, welchen Belastungen die Ärzte durch Bürokratieanforderungen ausge-

setzt sind. Auf geradezu unspektakuläre Weise wurde also der Boden dafür bereitet, eine Kultur der internen Kundenorientierung zu entwickeln.

// NEUE ROUTEN DURCH BESSERES VERSTÄNDNIS

Es ist wichtig zu wissen, welche Auswirkungen der eigene Fahrstil auf die Routenführung der anderen hat. Dann ist man eher bereit, die eigene Spur zu wechseln.

__Musterbrecher haben verinnerlicht, dass sie nur über den intelligenten Umweg des Verstehens der Veränderung eine Chance geben können. Dabei schließen sie als Führungskräfte das Experimentieren mit eigenen Spurwechseln konsequent mit ein und denken darüber nach, welche Hürden aus dem Weg geräumt werden müssen, um einen Spurwechsel wahrscheinlicher zu machen.

MUSTERBRECHER FRAGEN SICH:

• Weiß ich, wie die Mitarbeiter, mit denen ich tag-täglich zusammenarbeite, gelingende Kundenorientierung praktizieren?

• Bin ich mir darüber im Klaren, ob mein eigener Fahrstil die Arbeit der anderen behindert oder fördert?

• Wie viel Zeit pro Woche investiere ich für die Umsetzung von Veränderungsvorhaben gemäß der herkömmlichen Implementierungslogik – und wie viel Zeit für das Verstehen der Bandbreiten von Menschen?

• Welche Situation oder welcher Impuls hat dazu geführt, dass ich persönlich in den letzten Jahren die Spur gewechselt habe?

AUF DEN PUNKT:

Ohne Verstehen ändert sich nichts – Musterbrecher laden zum Spurwechsel ein!

REDEN VOR KOMMUNIZIEREN

Musterbrecher 10

Der Vorstandsvorsitzende steht auf der hell erleuchteten Bühne. Die Aufschrift auf seinem T-Shirt, das er unter seinem grauen Anzug trägt, ist gut zu erkennen: #LEAD2FUTURE2025. Seine schneeweißen Sneakers passen gut zur Aufbruchstimmung. Seit Jahresbeginn gelten Krawatten als Zeichen des vergangenen Industriezeitalters. Die Unternehmenskommunikation hatte ihm geraten, seine Rede mit einer Geschichte über seine beiden Töchter zu eröffnen. Das mache nahbar und zeige den ansonsten nüchternen Analytiker von einer anderen Seite. Der Projektor wirft das Bild von glücklich spielenden Kindern auf eine XXL-Leinwand, in der Mitte steht nur das Logo der heute zu startenden Initiative. Es werden keine Zahlen gezeigt. Nur die symbolischen Anker aus dem Storyboard, das auf voller Breite an die hintere Saalwand plakatiert wird. Die Aufgabe des Chefs ist nicht leicht, soll er doch seine »Mannschaft« mitnehmen und den Wechsel auf eine neue S-Kurve der Führung emotional »aufgleisen«. Nur einmal weicht er von der Choreografie ab. Als er die nachfolgende Trommelgruppe anmoderiert, die mit einer interaktiven Performance den Slogan »One Company« für jeden erlebbar machen soll, verzichtet er auf die eigentlich vorgesehene Geste, die rechte Hand auf das Herz zu legen.

__Wir ließen im Rahmen eines Seminars von unseren Masterstudenten eine sprachliche Analyse von Leitbildern der DAX-30-Unternehmen vornehmen. Das Ergebnis: 27 Unternehmen trafen eine Aussage hinsichtlich der Ausrichtung des Unternehmens und der Entwicklung des Geschäftswerts. Und stets fand sich eine Variation des folgenden Ausdrucks: »nachhaltige Steigerung des Unternehmenswertes«. Die Suche nach wiederkehrenden Schlagwörtern gestaltete sich erwartungsgemäß einfach. Auf den ersten drei Plätzen fanden sich: Innovation, Nachhaltigkeit und Wachstum.

__Leitbilder sind das beste Anschauungsmaterial für die Häufung von Begriffen, gegen die niemand etwas haben kann. Diese Begriffe sind maximal konsenstauglich. Wir beginnen Workshops oft mit der rhetorischen Frage, ob jemand im Raum etwas gegen Innovationen oder Empowerment habe. Natürlich hat sich noch nie jemand gemeldet. Unternehmenssprache ist voll von inflationär gebrauchten Begriffen und Wendungen, die wir in Anlehnung an den Germanisten Uwe Pörksen »Plastikwörter« nennen. Sie bedeuten alles und nichts. Und sie haben den Vorteil, dass man gar nicht mehr so genau hinhören muss, weil sie im Business-Letramix ohnehin in jeder beliebigen Aneinanderreihung irgendwie (Un-)Sinn ergeben. Es ist allerdings so, dass wir nur die eine Sprache haben. Insofern müssen wir schon »Vertrauen« sagen, wenn wir »Vertrauen« meinen. Schädlich ist allerdings die Überdosis – Mitarbeiter könnten nämlich den Eindruck gewinnen, es sei nicht allzu weit her mit der ins Feld geführten Vertrauenskultur.

// VORSICHT, PLASTIKWORT-KOMMUNIKATION!

Der Linguist Rudi Keller warnt: »Wer sagt: Ich bin vertrauenswürdig, der sagt, dass er vertrauenswürdig ist, und zeigt, dass er es nicht ist.«

__In Organisationen verwechseln wir wirkliches »Miteinandersprechen« mit gesteuertem und oberflächlich-künstlichem »Kommunizieren«.

// GANZ SCHÖN AUFGEBLASEN

Wann hat es eigentlich angefangen, dass man in einer Besprechung beschließt, die Details »im Nachgang bilateral zu kommunizieren« – obwohl es reichen würde, später unter vier Augen zu reden? Wir sprechen inzwischen unglaublich künstlich, unorganisch, zwar immer professionell anmutend, aber erschreckend leblos.

__Man glaubt vielerorts, bei anderen Menschen etwas bewirken zu können, wenn man die Professionalität des Sendeprozesses und den »Werbedruck« erhöht. Noch immer – oder wahrscheinlich mehr denn je – beginnen die meisten Veränderungsvorhaben damit, dass alle Register des Kommunikationsmanagements gezogen werden: Es werden faltbare Taschenkarten verteilt, auf denen die »Kernwerte« stehen. In den Aufzügen wird der obligatorische Leadership-Kompass aufgehängt, und im Foyer erwartet einen die im Comic-Stil gezeichnete »Change-Landkarte«.

__Das gilt nicht nur Im Innen-, sondern auch im Außenverhältnis. Selbst Konsumenten werden immer häufiger mit Leitbildern behelligt. Die Vokabel der Stunde: Begeisterung! Inzwischen möchte sogar ein Anbieter von WC-Dienstleistungen an Autobahnraststätten, dass man den Toilettengang in einem »Ambiente zum Wohlfühlen mit Komfort erleben« kann. In der ebenfalls verfügbaren englischen Variante des Leitbilds formulierte man es noch mutiger: Hier wird dem Kunden »100% Satisfaction« versprochen. Ins Gespräch mit den Angestellten kommt man hingegen nicht, weil das Geld in einen Automaten geworfen und nicht mehr persönlich kassiert wird. Diese Entwicklung vollzieht sich ebenso in den Service-Hotlines von Unternehmen. Man hat nicht das Gefühl, miteinander zu sprechen. Vielmehr werden formvollendete und mit tumber Professionalität vorgetragene Dienstleistungsfloskeln in Richtung Kunde »herauskommuniziert«. Die Problemlösung wird im »Höflichkeitsbrei« zur Nebensache. Wen wundert es da, dass diese Art der Kommunikation von Chat-Bots übernommen werden kann.

// REKLAME 4.0 IST EINE EINBAHNSTRASSE

Seit 30 Jahren lernt man im Marketing-Grundkurs, dass man die Dinge »emotional aufladen« muss, damit eine Unterscheidung möglich ist. Hat schon jemand darüber nachgedacht, dass emotionale *Über*ladung auch unglaublich nerven kann?

__In komplexen Situationen darf Kommunikation – hier im neutralen Sinne ohne Wertung – nicht gesteuert werden.

Deshalb gilt das, was der Musterbrecher-Pionier Johann Tikart, der bereits erwähnte ehemalige Geschäftsführer von Mettler-Toledo, bereits vor 15 Jahren zu uns sagte: »Es muss möglich sein, dass Menschen während der Arbeitszeit über alles sprechen. Bei uns im Unternehmen ist es gestattet, dass Menschen miteinander reden. Selbst wenn 90 Prozent der Zeit, die sie miteinander reden, nur Tratsch wären und in den anderen zehn Prozent das gesprochen wird, was sonst nie gesprochen würde, wäre das richtig.« Musterbrecher lassen das Miteinander-Reden in jeder Hinsicht zu.

__Überprüfen Sie genau, an welchen Stellen Sie bewusst nicht die Maschinerie der Kommunikation in Gang setzen sollten. Wir haben die Erfahrung gemacht, dass es äußerst hilfreich ist, einer Initiative keinen spektakulären Namen zu geben. Ein namenloses Projekt hat oft bessere Chancen auf Beachtung, wenn es lohnend ist, sich in ihm zu engagieren. Wenn es den Leuten nichts bringt, wird auch eine aggressive Projektwerbung nichts bringen. Verzichten Sie auf Programme, die mit einem Akronym geschmeidig daherkommen wollen – spätestens seit der Gag die Runde macht, dass »Team« sowieso nur »Toll, ein anderer macht's« be-

deutet. Und verteilen Sie keine bedruckten USB-Sticks, auf denen die neuen Kampagnenbilder nach dem Markenrelaunch enthalten sind. Menschen sind dieser Form von visueller Frontalbeschallung überdrüssig.

__Stattdessen geht es darum, eine Kunst neu zu erlernen, die aus unserer Sicht das entscheidende Schmiermittel für alles ist, was Organisationen weiterbringt. Es ist die Kunst, Dialoge zu führen. Oft verwechselt man Dialoge mit Streitgesprächen, aus denen ein Sieger hervorgehen muss. Ein Dialog, eine Unterredung, die idealerweise den Wortfluss ermöglichen soll, ist die hohe Schule, sich durch ein Einlassen auf die Standpunkte des anderen einem tieferen Verständnis zu nähern. Wenn man sich typische Besprechungen in Unternehmen ansieht, haben diese so gut wie nie die Qualität von Dialogen. Zu oft versuchen die Teilnehmer, ihre Sendeanteile zu maximieren, obwohl sie im Raum von einem Poster mit der goldenen Regel: »Wir hören einander zu« zum Innehalten ermahnt werden.

> ## // KOMMUNIKATION HEISST MEIST NUR: MIT NACHDRUCK SENDEN
>
> **Dialoge verhelfen in digitalen Zeiten am besten zu wirklicher Zusammenarbeit.**

__Musterbrecher gehen hier den ersten Schritt und bringen sich konsequent in die Zuhörerrolle. So wie ein Vorstandsmitglied und Bereichsleiter einer Münchner Behörde, der bei der jährlichen Mitarbeiterveranstaltung sämtliche Füh-

rungsebenen ausschließt. Seit einigen Jahren experimentiert er mit dem Format »Sachbearbeiter allein mit dem Chef«. Die Resonanz war zunächst verhalten, weil die Mitarbeiter nicht so recht glaubten, dass der oberste Boss ihnen wahrhaftig zuhören und sich »ungeschützt« ihren Anliegen stellen wollte. Inzwischen hat sich das Dialogformat etabliert. Die Mitarbeiter haben zu Recht das Gefühl, dass es an der Spitze jemanden gibt, mit dem man ein echtes Gespräch führen kann. Und die Unternehmenskommunikation war klug genug, daraus keine Story zu machen.

__Die Kunst des Dialogs hat wieder eine bessere Chance, zum Leben erweckt zu werden, wenn man der Spracharmut in Organisationen entgegenwirkt. Denn diese Armut macht es unwahrscheinlich, dass Menschen gemeinsam über Wege nachdenken, die nicht bereits tausendfach beschritten wurden. In diesem Sinne ist die Förderung des Sprachbewusstseins alles andere als ein bildungsbürgerlich inspirierter Selbstzweck. Das Anliegen von Bodo Janssen, Geschäftsführer der Upstalsboom-Gruppe in Emden, ist es wiederum, Mitarbeiter dafür zu sensibilisieren, dass unser Sprachschatz sehr begrenzt ist und es sich lohnt, andere Ausdrucksweisen zu testen. So greift er auf eine simple Methode zurück: In Gesprächsrunden arbeitet er mit einem Set von Karten, auf deren Vorderseite eine typische Formulierung steht. Auf der Rückseite werden Vorschläge für alternative Ausdrucksweisen gemacht.

// DAS NEUE HAT BUCHSTÄBLICH KEINE CHANCE

In einer von inhaltsleeren Floskeln durchdrungenen Unternehmenskultur ist das Entstehen von Innovationen unwahrscheinlich. Wer unablässig »Projekte aufgleisen« und die »Leute ins Boot holen« will, übersieht vielleicht, dass manches nicht auf Schienen passt und viele lieber schwimmen wollen.

__Bei Upstalsboom wird in Besprechungen immer wieder reflektiert, was eine bestimmte Formulierung auslöst. Häufig entstehen durch diese vermeintlich harmlosen Sprachspiele wertvolle Ideen für Innovationen. Musterbrecher spielen mit der Sprache, weil sie um die wechselseitige Beeinflussung von Denken und Sprechen wissen.

MUSTERBRECHER FRAGEN SICH:

• Wann habe ich mich das letzte Mal darüber beschwert, irgendetwas sei »mir nicht kommuniziert worden« – obwohl ich eigentlich dachte: »Das hat mir noch niemand gesagt»?

• Warum fehlen mir manchmal die Worte, auch wenn ich die ganze Zeit über kommuniziere?

• Wie viele Menschen beschäftige ich damit, den Text für Leadership-Kompasse zu texten?

• Wie lange ist es her, dass ich eine Unterredung in echter Dialogqualität zugelassen habe?

AUF DEN PUNKT:

Reden ist Gold – Musterbrecher kommunizieren nicht!

MusterbrecherX –
Im Zentrum steht das Experiment

ZUT

Urteilsk

DIALOGE FÜHREN

Reden vor Kommunizieren

NEUGIERIG SEIN

Verstehen vor Verändern

MENSCHLICH SEIN

Kunterbunt vor digital

Plastikwörter klären

Zum Spurwechsel einladen

Unschärfen akzeptieren

Experiment

Indirekt verändern

MUTIG HANDELN

Struktur vor Kultur

UEN

Instanz

REDUZIEREN

Harter Pol vor Regeln

Freiheit zulassen

UMSETZEN

Weglassen vor Hinzufügen

vor Plan

Zum Kern zurückkehren

Mit Windmühlen umgehen

ANFANGEN

Machen vor Aufregen

Gewichte verschieben

VERSCHWENDEN

Robust vor Effizienz

STEFAN KADUK
Jahrgang 1970, Dr. rer. pol., Dipl.-Kfm.,
Gründer und Partner der
Musterbrecher®Managementberater.

DIRK OSMETZ
Jahrgang 1967, Dr. rer. pol., Dipl.-Ing. und
Dipl.-Wirtsch.-Ing., Gründer und Partner der
Musterbrecher®Managementberater.

HANS A. WÜTHRICH
Jahrgang 1956, Univ.-Prof. Dr. oec.,
Inhaber des Lehrstuhls für Internationales
Management an der Universität der
Bundeswehr München.